प्रात्यक्षिक भूगोल

(सेमिस्टर ५ व ६)

Practical Geography

(Semester V & VI)

अवकाशिक विश्लेषणाच्या पद्धती

(Techniques of Spatial Analysis)

डॉ. श्रीकांत कार्लेकर

डॉ. तुषार शितोळे

डायमंड पब्लिकेशन्स

प्रात्यक्षिक भूगोल (५ व ६) / डॉ. श्रीकांत कार्लेकर, डॉ. तुषार शितोळे
Practical Geography (Semester V & VI) / Dr. Shrikant Karlekar, Dr. Tushar Shitole

प्रथम आवृत्ती : २०२१

ISBN : 978-93-91948-18-4

© डायमंड पब्लिकेशन्स

मुखपृष्ठ
शाम भालेकर

अक्षरजुळणी
'अक्षरवेल', दत्तवाडी, पुणे – ४११ ०३०

प्रकाशक
डायमंड पब्लिकेशन्स
२६४/३ शनिवार पेठ, ३०२ अनुग्रह अपार्टमेंट
ओंकारेश्वर मंदिराजवळ, पुणे–४११ ०३०
☎ ८६०००१०४१६, ०२०–२४४५२३८७, २४४६६६४२

info@dpbooks.in

ऑनलाईन पुस्तक खरेदीसाठी भेट द्या

www.dpbooks.in

लेखक परिचय

डॉ. श्रीकांत कार्लेकर
M.Sc.Ph.D.

१. रत्नागिरीतील गोगटे जोगळेकर महाविद्यालयात प्राध्यापक (१९७३-७४)

२. पुण्यातील एस. पी. कॉलेज येथे प्राध्यापक आणि पुढे विभाग प्रमुख (१९७४ पासून २०१३ पर्यंत)

३. सावित्रीबाई फुले पुणे विद्यापीठातील भूगोल विभागात प्राध्यापक (२००१ -०२)

४. पुण्यातील टिळक महाराष्ट्र विद्यापीठात 'भूशास्त्र' या विद्याशाखेसाठी अधिष्ठाता (Dean) (२०१३ ते २०१५)

५. संशोधनाचे आणि वैज्ञानिक लेखनाचे आवडते विषय : भूशास्त्र, भूगोल, पर्यावरणशास्त्र, सागरविज्ञान, हवामानशास्त्र, दूरसंवेदन, संख्याशास्त्र

६. मार्गदर्शक म्हणून २० पीएच.डी. आणि ८ एम.फिल. विद्यार्थ्यांना मार्गदर्शन.

७. पूर्ण केलेले एकूण संशोधन प्रकल्प : १२

८. प्रकाशित राष्ट्रीय आणि आंतर - राष्ट्रीय संशोधन निबंध : ८२.

९. सकाळ, महाराष्ट्र टाइम्स, लोकसत्ता या दैनिकात व इतर नियतकालिकात अनेक वैज्ञानिक लेख प्रकाशित.

१०. वर्ष १९७९ मध्ये डेहराडूनच्या Indian Photo Interpretation Institute मध्ये हवाई छायाचित्रण आणि दूर संवेदन या विषयात प्रशिक्षण.

११. प्रकाशित संदर्भ व क्रमिक पुस्तके : ४०

डॉ. तुषार शितोळे
M.Sc. Ph.D.

१. प्रभारी प्राचार्य, शंकरराव भेलके कॉलेज, नसरापूर, ता. भोर, जि. पुणे.

२. सदस्य, भूगोल अभ्यास मंडळ, सावित्रीबाई फुले पुणे विद्यापीठ, पुणे.

३. माजी विभाग प्रमुख, भूगोल विभाग आणि संशोधन केंद्र, प्रा. रामकृष्ण मोरे महाविद्यालय, आकुर्डी, पुणे.

४. संशोधन मार्गदर्शक, भूगोल, सावित्रीबाई फुले पुणे विद्यापीठ, पुणे.

५. भूगोल विषयात मार्गदर्शनाखाली ३ विद्यार्थ्यांना एम.फिल. व ३ विद्यार्थ्यांना पीएच.डी. पदवी प्राप्त.

६. विविध नियतकालिकातून संशोधनपर लेख प्रसिद्ध.

७. अनेक राष्ट्रीय, आंतरराष्ट्रीय चर्चासत्र, परिषदांमध्ये शोध निबंधांचे वाचन.

अनुक्रम

प्रकरण 1

भारतीय स्थलनिर्देशक नकाशे व उठाव दर्शविणाच्या पद्धती
(Introduction to S.O.I. Toposheets and Relief Representation)

अ) प्रस्तावना :

भारतीय सर्वेक्षण विभागाकडून भारतीय स्थलनिर्देशक नकाशे तयार केलेले असतात. याचे मुख्य कार्यालय डेहराडून येथे आहे. 18 व्या शतकात ब्रिटीश मापन पद्धतीने तयार केलेल्या या नकाशांच्या मालिकेस 'भारत व आजूबाजूचे देश मालिका' असे म्हटले जाते. यावर नकाशांचे प्रमाण, इंचास मैल व समोच्च रेषांतर, फूट या एककात होते. 1950 नंतर भारतीय सर्वेक्षण खात्याने या नकाशात मेट्रिक पद्धतीचा अवलंब सुरु केला. त्यामुळे सध्याच्या नकाशांचे प्रमाण सें. मी. ला कि.मी. व समोच्च रेषांतर मीटरमध्ये असते. नकाशांची जुनी नावे ब्रिटीश प्रमाणदर्शक तर नवीन नावे मेट्रिक प्रमाण दर्शक आहेत. (जसे 1 इंची नकाशा किंवा 1:50,000 नकाशा)

नकाशांच्या या मालिकेत दशलक्ष नकाशे, पाव इंची किंवा डिग्री शीट, एक इंची व 1:25,000 नकाशे असे नकाशांचे प्रकार आहेत. या प्रत्येक नकाशास स्वतंत्र निर्देशांक (Index Number) दिलेला असतो. (तक्ता क्र.1.1)

ब) भारतीय स्थलनिर्देशक नकाशांचे वर्गीकरण

1) दशलक्ष नकाशे :

भारत व आजूबाजूचे देश यांचे भूप्रदेश दाखवणारे 1:10,00,000 प्रमाण असलेले एकूण 136 नकाशे तयार केलेले आहेत. यांना दशलक्ष नकाशे असे म्हटले जाते. ब्रिटीश पद्धतीनुसार या नकाशांचे प्रमाण 1 इंचास 16 मैल असून विस्तार 4° अक्षवृत्त व 4° रेखावृत्त आहे. या नकाशांना 1,2,3,...,...136 या निर्देशांकानी संबोधण्यात येते. (नकाशा क्र.1.1)

2) पाव इंची नकाशे :

प्रत्येक प्रदेशाची अधिक माहिती मिळविण्याच्या दृष्टीने प्रत्येक दशलक्षी नकाशाचे 16 समान भाग केले असून त्यांना इंग्रजीतील A पासून P पर्यंत निर्देशित केलेले आहे. या नकाशांचे प्रमाण 1 इंचास 4 मैल असून या नकाशांना पाव इंची नकाशे असे म्हणतात. या नकाशांचा विस्तार 1° अक्षवृत्त व 1° रेखावृत्त आहे. म्हणून त्यांना 'डिग्रीशीट' असेही म्हणतात. या नकाशांचे प्रमाण 1: 250,000 आहे. या नकाशांना A पासून P पर्यंत संबोधण्यात येते. उदा. : 47H, 47B.... 47P (आकृती क्र.1.1)

3) अर्धा इंची नकाशे :

पाव इंची नकाशाचे चार समान भाग करून त्यांना उपदिशांनी निर्देशित केलेले आहे. या नकाशांचे प्रमाण 1 इंचास 2 मैल असून त्यांना अर्धा इंची नकाशे असे म्हणतात. या नकाशांचा विस्तार 30' अक्षवृत्त आणि 30' रेखावृत्त असा आहे. या नकाशांचे अंकप्रमाण 1: 25,000 आहे. या नकाशांना, उपदिशानुसार संबोधण्यात येते. उदा : 55P/NE, 55 P/SE, 55 P/SW आणि 55P/NW.

4) एक इंची नकाशे :

पाव इंची नकाशांचे समान 16 भाग करून त्यांना 1 ते 16 पर्यंत क्रमांक दिलेले आहेत. या नकाशांचे प्रमाण 1 इंचास 1 मैल असून त्यांना 'एक इंची नकाशे' असे म्हणतात. या नकाशांचा विस्तार 15' अक्षवृत्त आणि 15' रेखावृत्त असा आहे. या नकाशांचे प्रमाण 1:63,360 आहे. या नकाशांचा निर्देशांक 47H/6 अशा प्रकारे दिला जातो. मेट्रिक पद्धतीत या नकाशांचे प्रमाण 1: 50,000 असते. (आकृती क्र. 1.1)

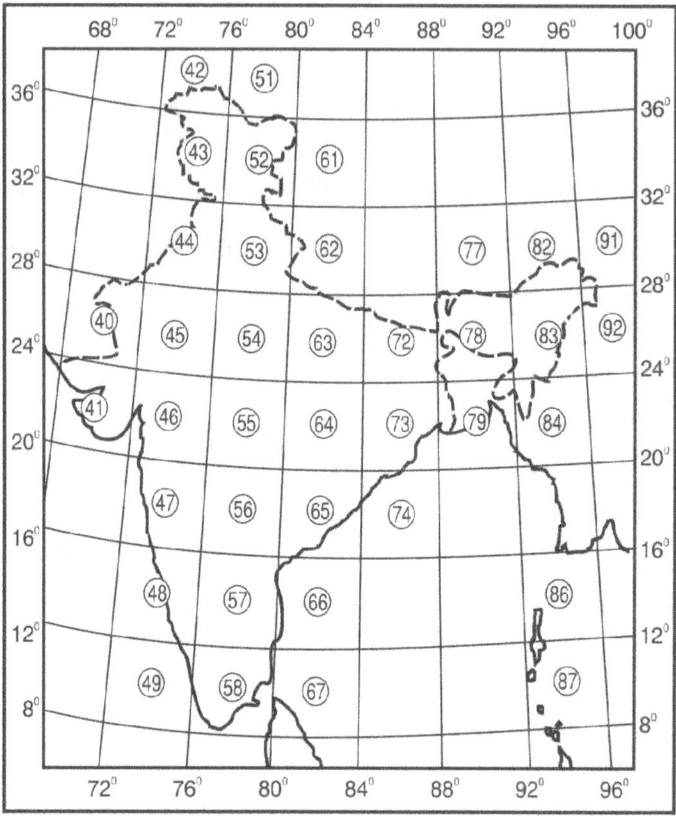

(नकाशा क्र. 1.1)

5) 1: 25,000 प्रमाणावरील आधुनिक नकाशे :

1: 50,000 या नकाशाचे चार समान भाग केलेले आहेत. त्यांचा विस्तार 7.5' अक्षवृत्त आणि 7.5' रेखावृत्त असा असून त्यांना उपदिशांनुसार निर्देशांक दिलेले आहेत. जसे 47 / H / 6 / NE. (आकृती क्र. 1.1)

1:50,000 या नकाशांचे समान सहा भागही केलेले असतात. यांचा विस्तार 5' अक्षवृत्त आणि 7.5' रेखावृत्त असा असून त्याचे निर्देशांक 47 / H / 6 / I...47/ H / 6 / 6 असे असतात. (आकृती क्र. 1.1)

पुढील तक्त्यामध्ये निर्देशांक पद्धतीचे सर्व गुणधर्म दाखवले आहेत.

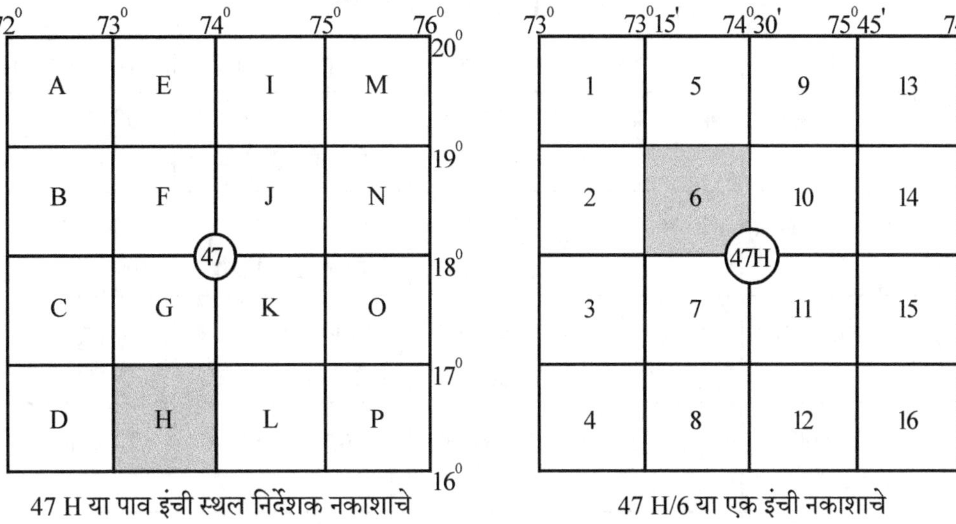

47 H या पाव इंची स्थल निर्देशक नकाशाचे
47 या दशलक्ष नकाशातील स्थान

47 H/6 या एक इंची नकाशाचे
47 H या पाव इंची नकाशातील स्थान

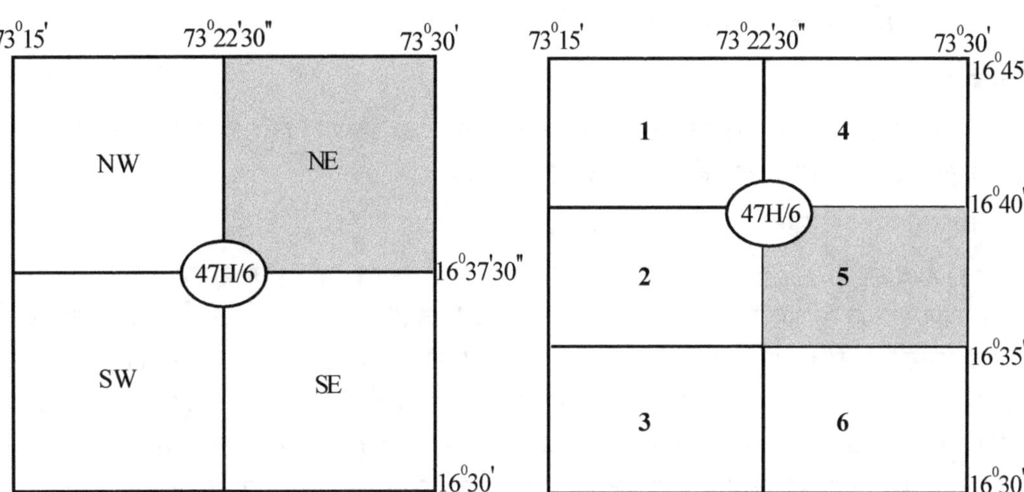

47 H/6 या 1:50,000 प्रमाणावरील नकाशातील
47 H/6/NE या 1:25,000 या नकाशाचे स्थान

47 H/6 या 1:50,000 प्रमाणावरील नकाशातील
47 H/6/5 या 1:25,000 या नकाशातील स्थान

(आकृती क्र. 1.1) : स्थलनिर्देशक नकाशांचे वर्गीकरण

(तक्ता क्र. 1.1) निर्देशांक पद्धती

निर्देशांक	नाव	विस्तार	अंक प्रमाण	शब्द प्रमाण	समोच्च रेषांतर
47	दशलक्ष नकाशे	$4° \times 4°$	1:1000000	1 इंचास 16 मैल 1 सेमीला 10किमी	300 मीटर
47/H	पाव इंची नकाशे	$1° \times 1°$	1:253,440 1:250,000	1 इंचास 4 मैल 1सेमीला 2.5 किमी	250 फूट 100 मीटर
47/H/6	एकइंची नकाशे	$15' \times 15'$	1:63,360 1:50,000	1 इंचास 1 मैल 1 सेमीला 500 मीटर	50 फूट 20 मीटर
47/H/6/ NE	1:25,000 नकाशे	$7.5' \times 7.5'$	1:25,000	1 सेमीला 250 मीटर	10 मीटर
47/H/6/1	1:25,000 नकाशे	$5' \times 7.5'$	1:25,000	1 सेमीला 250 मीटर	10 मीटर

क) उठाव दर्शविण्याच्या पद्धती

प्रस्तावना

भूपृष्ठाचा उंचसखलपणा म्हणजे उठाव होय. विविध नकाशात उठाव हा विशिष्ट पद्धतीने दाखवला जातो. उठाव दर्शविण्याच्या प्रमुख पद्धती पुढीलप्रमाणे आहेत.

उठाव दर्शविण्याच्या पद्धती : (आकृती क्र. 1.2)

1) हॅश्युअर्स - Hachures या शब्दाचा उच्चार 'हॅश्युअर्स' असा आहे. सॅक्सन मेजर लेहमन या ब्रिटीश अधिकाऱ्याने सैनिकी सर्वेक्षणाकरता 19 व्या शतकात ही पद्धत सर्वप्रथम वापरली. हॅश्युअर्स या पाणी ज्या दिशेने उताराला अनुसरून वाहते, त्या दिशेने काढलेल्या कमी-अधिक लांबीच्या तुटक लहान रेषा असतात. जवळजवळ काढलेल्या रेषांनी तीव्र उतार तर दूर दूर काढलेल्या रेषांनी सौम्य उतार दर्शविला जातो. $45°$पेक्षा अधिक उतारासाठी या रेषा पूर्णपणे काळ्या रंगात दाखवतात. डोंगरमाथे व इतर सपाट प्रदेश पूर्णपणे मोकळे सोडले जातात. या पद्धतीमुळे सापेक्ष उताराचे व उंचीचे योग्य निर्देशन होते. तसेच लहान लहान टेकड्या या तंत्राने सहज दाखवता येतात.

तोटे : हॅश्युअर्स पद्धतीमुळे उठावाची अचूक कल्पना येत नाही. यांच्या रेखाटनात कौशल्याची गरज असते. ही पद्धत किचकट व वेळेचा अपव्यय होणारी आहे. डोंगराळ प्रदेश दाखविण्याकरता हॅश्युअर्स नकाशा अधिक काळा होत जातो. ही पद्धत उठाव दर्शविण्याची खर्चिक पद्धत असून, आजकाल या पद्धतीचा वापर केला जात नाही.

2) त्रिकोणमिती बिंदू, बेंच मार्क आणि स्थलउच्चांक - या तिनही पद्धती प्रदेशातील ठिकाणांची नेमकी उंची दर्शवितात. म्हणजेच या पद्धतीने निरपेक्ष उंचीचे निर्देशन होते. अचूक सर्वेक्षणातून मिळालेल्या या उंचीच्या पातळ्या असतात. त्यांच्या केवळ वितरणातून उठावाची नेमकी कल्पना येत नाही. त्यामुळे उठावाच्या

(आकृती क्र. 1.2) : उठाव दर्शविण्याच्या पद्धती

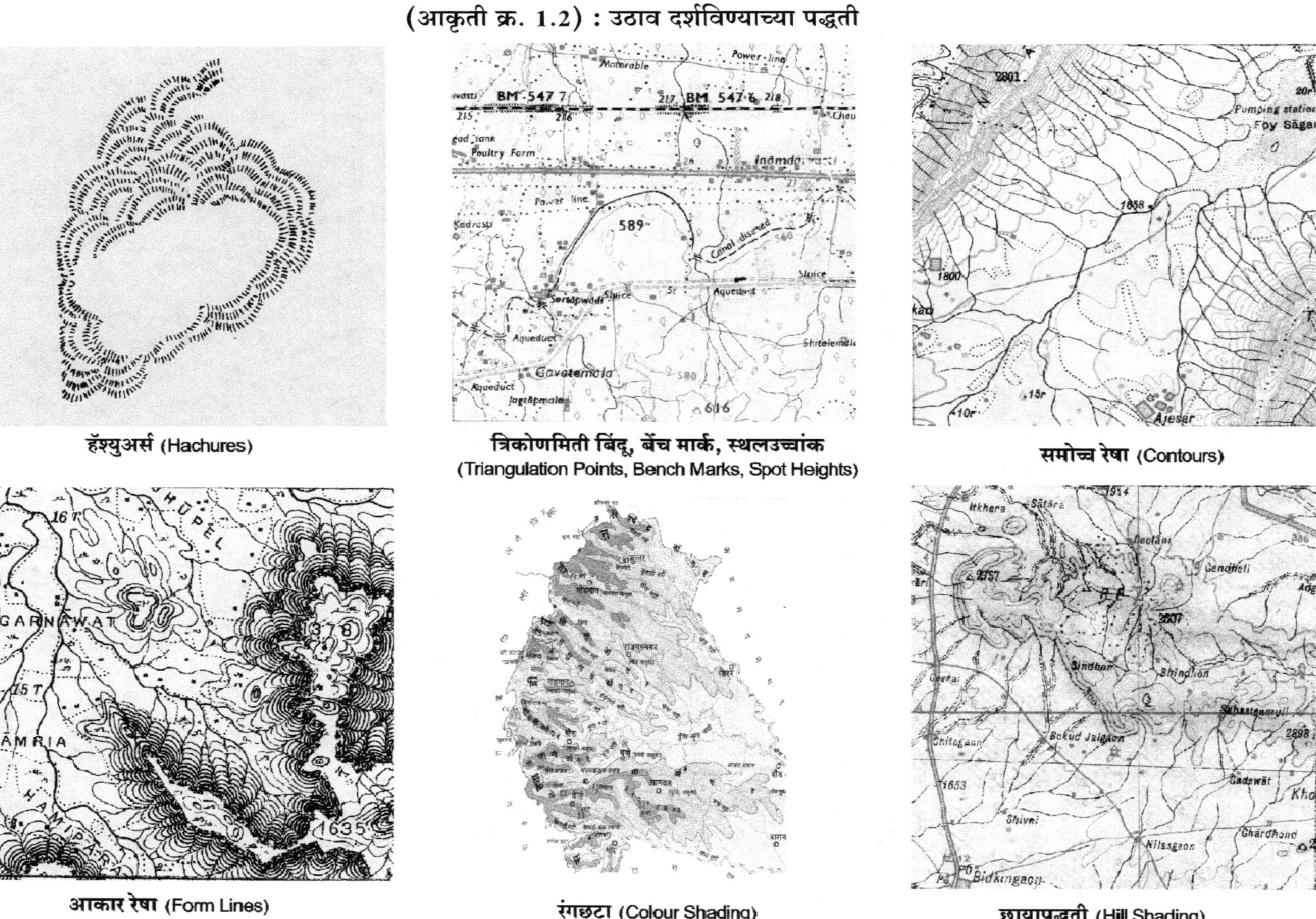

इतर पद्धती विशेषतः समोच्च रेषांबरोबर या पद्धती वापरल्या जातात.

त्रिकोणमिती बिंदू – या पद्धतीत भूप्रदेशाचे त्रिकोणाकृती भागात विभाजन करून त्रिकोणाच्या तीनही बिंदूवरून सर्वेक्षण करून त्यांची उंची ठरवतात. डोंगरमाथ्यावर सिमेंटचे स्तंभ उभारून त्यावर उंचीदर्शक त्रिकोणमिती बिंदू दर्शवतात. काही वेळा चर्चसारख्या उंच इमारतीसुद्धा याकरता वापरल्या जातात. भविष्यात उंची व स्थान संदर्भात सर्वेक्षण करण्याकरता त्रिकोणमिती बिंदू संदर्भबिंदू म्हणून वापरता येतात. नकाशात असे बिंदू त्रिकोणाच्या साहाय्याने दाखवून शेजारी त्या ठिकाणाची उंची लिहितात.

बेंच मार्क – प्रसिद्ध इमारतींच्या भिंती, प्रवेशद्वारे अशा ठिकाणी कायमस्वरूपात लिहिलेली उंची म्हणजे 'बेंच मार्क' काही ठिकाणी एखाद्या पक्क्या बसविलेल्या दगडावरसुद्धा बेंचमार्क लिहिलेला असतो. नकाशात BM अशी अक्षरे लिहून त्या शेजारी त्या ठिकाणाची उंची लिहितात.

स्थलउच्चांक – जमिनीवर कोणत्याही प्रकारे स्थलउच्चांक निर्देशित केलेले नसतात. नकाशात मात्र रस्त्यांच्या, लोहमार्गांच्या जवळपास, दोन समोच्च रेषांच्या दरम्यान किंवा किनाऱ्याजवळ स्थलउच्चांकाने उंची दर्शवितात. नकाशात टिंब दर्शवून त्याशेजारी उंची दर्शक संख्या लिहिलेली असते. स्थलउच्चांक हे नेहमी अस्थायी स्वरूपाचे असतात. प्रदेशाची झीज व भर, तेथील मानवी क्रिया इत्यादीमुळे ही उंची नेहमीच बदलत असते.

3) समोच्च रेषा – समुद्र सपाटीपासून समान उंचीची ठिकाणे जोडणाऱ्या रेषांना समोच्चरेषा असे म्हणतात. उठाव दर्शविण्याची ही सर्वोत्तम, अचूक व शास्त्रशुद्ध पद्धत आहे. समोच्चरेषातील अंतरावरून उताराची कल्पना येते. समोच्चरेषातील कमी अंतर तीव्र उतार, तर जास्त अंतर सौम्य उतार दर्शवतो. समोच्चरेषांच्या स्वरूपावरून भूरूपाचा आकार, उतार व त्याची उंची याचेही योग्य निर्देशन होते. नकाशात या रेषा कोठेही अपूर्ण नसतात. समोच्च रेषांवर उंचीदर्शक अंक लिहिलेले असतात. कडादर्शक भूरूप वगळता समोच्चरेषा एकमेकींना मिळत नाहीत. नकाशात या रेषा विशिष्ट फरकाने काढलेल्या असतात. या फरकास समोच्च रेषांतर असे म्हणतात.

4) आकार रेषा – सर्वेक्षणातील अडचणीमुळे काही वेळा भूरूपाची पाहणी करून त्याचा आकार व उंची अंदाजाने निश्चित केली जाते. अशावेळी भूरूपे असर्वेक्षित तुटक रेषांनी दाखविली जातात. दलदलीचे प्रदेश, बर्फाच्छादित प्रदेश व दाट जंगलांच्या प्रदेश येथील उठाव दर्शविण्यासाठी ही पद्धत वापरली जाते. दोन समोच्च रेषांतर्गत प्रदेशांकरतासुद्धा या रेषा काढल्या जातात.

5) रंगछटा पद्धती – या पद्धतीमुळे उंचीचे सर्वसाधारण निर्देशन केले जाते. उठावाच्या नकाशाचे उंचीनुसार वर्गीकरण करून रंग किंवा रंगछटांचा वापर केला जातो. समोच्च रेषांच्या आधारे वर्गीकरण करून रंगछटा वापरल्या जातात.

उंचीनुसार रंगछटांचा पुढीलप्रमाणे वापर केला जातो.

उंची / खोली (मीटर)	रंग
180 मीटरपेक्षा खोल प्रदेश	गडद निळा
180 मीटर खोल ते 0 मीटर	फिकट निळा
0 ते 75 मीटर	गडद हिरवा
75 ते 300 मीटर	फिकट हिरवा
300 ते 600 मीटर	पिवळा
600 ते 1400 मीटर	फिकट तपकिरी
1400 मीटरपेक्षा जास्त	गडद तपकिरी
अतिउंचीवरील प्रदेश 3500 मीटरपेक्षा जास्त	तांबडा / जांभळा
अतिउंचीवरील बर्फाच्छादित प्रदेश	पांढरा.

तक्ता क्र. 1.2

तोटे- 1) उंचीचे फसवे व सर्वसामान्य निर्देशन होते. प्रत्यक्षात उंची एकाएकी बदलत नसली तरी रंगछटांवरून तसे निर्देशन होते. या पद्धतीत वापरलेले रंग नेहमीच उंचीचे योग्य प्रतिनिधीत्त्व करीत नाहीत. 2) भारतीय स्थलदर्शक नकाशात पिवळा रंग शेतीदर्शक तर हिरवा रंग वनस्पती दर्शक आहे.म्हणजेच विशिष्ट रंग केवळ एकाच घटकाचे प्रतिनिधित्त्व करत नाही.

6) छाया पद्धती – एखाद्या विशिष्ट दिशेकडून उंच सखल भागावर प्रकाश पडला तर त्याची छाया ज्या प्रमाणे पडेल त्याप्रमाणे ती त्या प्रदेशाच्या नकाशात दाखवलेली असते. भारतीय स्थलनिर्देशक नकाशात वायव्येकडून येणाऱ्या प्रकाश स्रोताची कल्पना करून छायापद्धतीचा वापर केला जातो. छायेचा विस्तार हा भूप्रदेशाच्या उंचीनुसार दाखविलेला असतो. या पद्धतीने भूप्रदेशाच्या उंचीची कल्पना येऊ शकते; पण प्रत्यक्ष उंची समजत नाही. आता ही पद्धत फारशी वापरली जात नाही.

उठाव दर्शविण्याच्या वरील सर्व पद्धतींपैकी हॅश्युअर्स, रंगछटा व छायापद्धती या 'गुणात्मक पद्धती' असून उर्वरित पद्धती या 'संख्यात्मक पद्धती' आहेत.

रंगछटा व छायापद्धती या गुणात्मक पद्धती लहान प्रमाणावरील नकाशात प्रामुख्याने वापरल्या जातात. उदा. नकाशासंग्रहातील नकाशे, भिंतीवरील नकाशे. तसेच या पद्धती स्वतंत्रपणे न वापरता संयुक्तपणे, एकमेकींना पूरक म्हणून वापरल्या जातात. उदा: रंगपद्धती ही समोच्चरेषा पद्धतीबरोबर वापरली जाते. उठावाबरोबर इतरही घटक संयुक्तपणे दाखवता येतात. उदा. भूरचनेच्या बरोबर जलप्रणाली, वनस्पती, वस्त्या इत्यादी घटक हे भारतीय स्थलनिर्देशक नकाशात उठावदर्शक पद्धतींबरोबर इतर सांकेतिक चिन्हे व खुणांच्या मदतीने दाखवतात.

ड) समोच्च रेषांच्या साहाय्याने भूरूपांचे निर्देशन:

विविध भूरूपे ही निरनिराळ्या उतारांनी बनलेली असतात. त्यामुळे भूरूपांच्या निर्देशनापूर्वी समोच्च रेषांच्या साहाय्याने उतारांचे निर्देशन कसे केले जाते ते पहाणे आवश्यक असते.

(अ) उतारांचे प्रकार

1) सौम्य व तीव्र उतार -

सौम्य उतार दर्शविण्यासाठी काढलेल्या समोच्चरेषा; या एकमेकींपासून दूर अंतरावर काढलेल्या असतात तर तीव्र उतार दर्शविण्यासाठी काढलेल्या समोच्चरेषा; या एकमेकींपासून कमी अंतरावर काढलेल्या असतात. (आकृती क्र. 1.3 , 1.4)

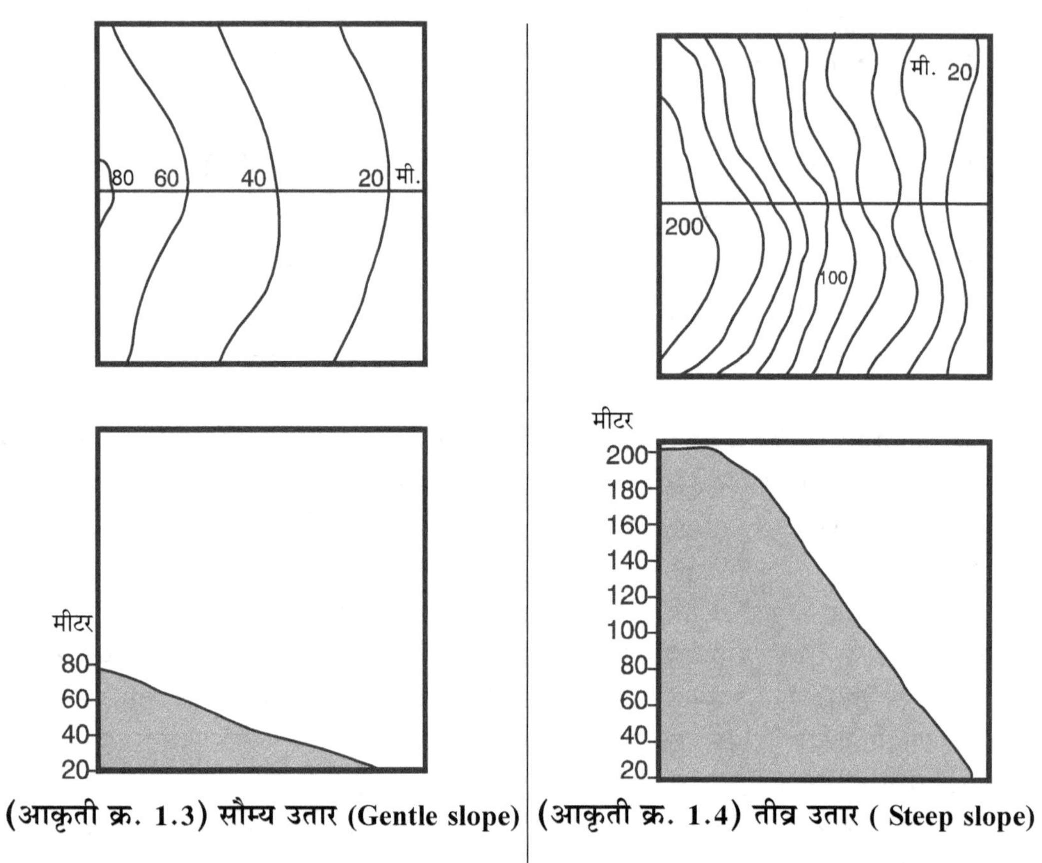

(आकृती क्र. 1.3) सौम्य उतार (Gentle slope) | **(आकृती क्र. 1.4) तीव्र उतार (Steep slope)**

2) अंतर्वक्र व बहिर्वक्र उतार -

अंतर्वक्र उतारात जास्त उंचीच्या प्रदेशाकडून कमी उंचीच्या प्रदेशाकडे समोच्चरेषातील अंतर वाढत जाते तर बहिर्वक्र उतारात जास्त उंचीच्या प्रदेशाकडून कमी उंचीच्या प्रदेशाकडे समोच्चरेषातील अंतर कमी कमी होत जाते. (आकृती क्र. 1.5 , 1.6)

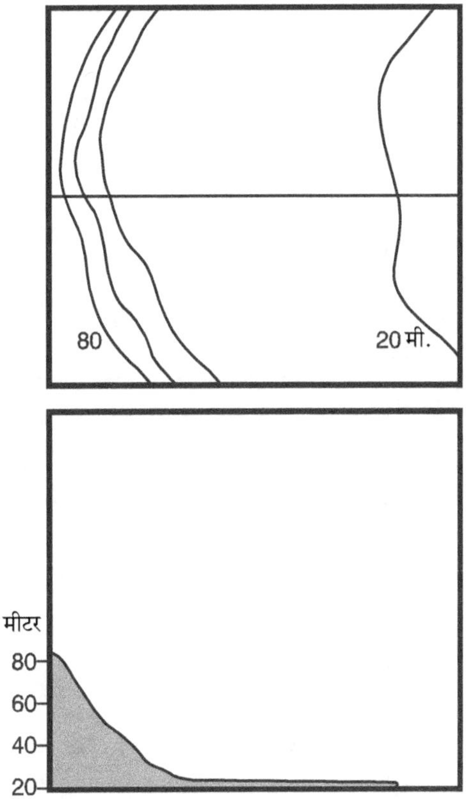

(आकृती क्र. 1.5)
अंतर्वक्र उतार (Concave slope)

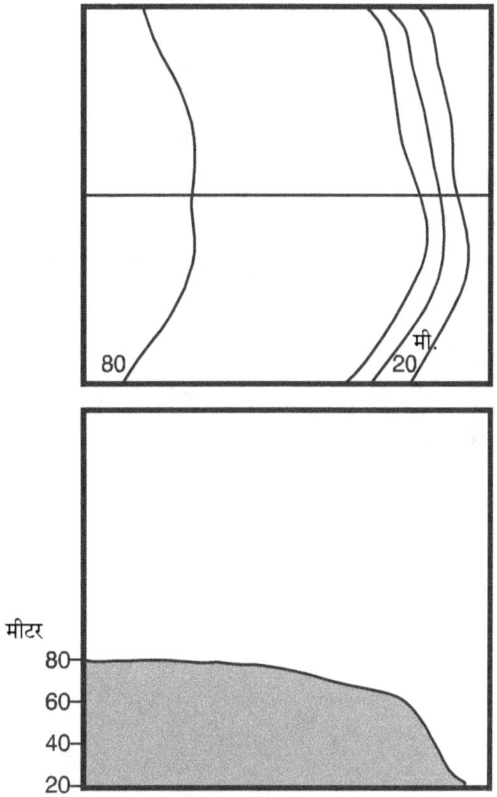

(आकृती क्र. 1.6)
बहिर्वक्र उतार (Convex slope)

3) पायऱ्या पायऱ्यांचा उतार –

जेव्हा भूपृष्ठाचा उतार कमी जास्त उंचीच्या व रुंदीच्या पायऱ्या पायऱ्यांनी बनलेला असतो. तेव्हा त्यास पायऱ्या पायऱ्यांचा उतार असे म्हणतात. यामध्ये जवळजवळ काढलेल्या दोन समोच्चरेषा पायरीचा तीव्र उतार किंवा पायरीची कड दर्शवितात तर दूर-दूर काढलेल्या समोच्चरेषा पायरी दर्शवितात. (आकृती क्र. 1.7)

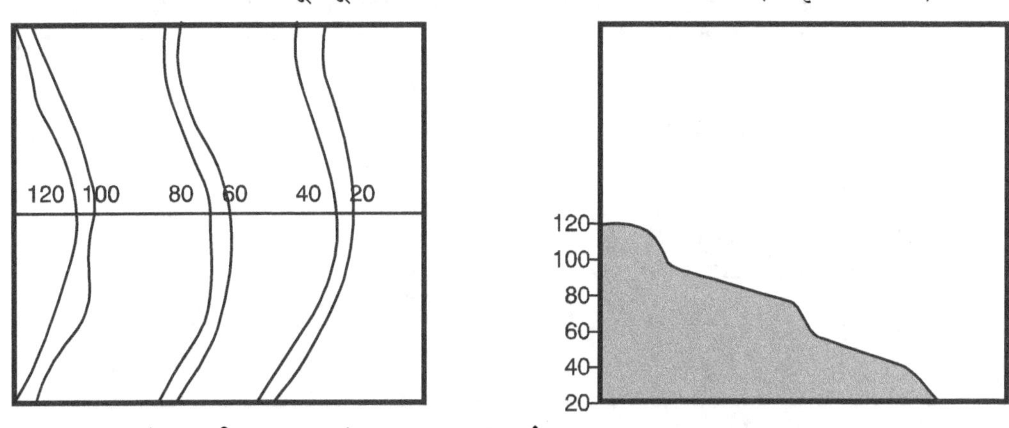

(आकृती क्र. 1.7) पायऱ्या पायऱ्यांचा उतार (Terraced slope)

ब) भूरूपे

1) शंक्वाकृती टेकडी -

शंक्वाकृती टेकडीचा पायथ्याकडील भाग विस्तृत असतो व तो माथ्याकडे निमुळता होत जातो. अशी टेकडी आकाशातून बरोबर माथ्याच्या दिशेने पाहिल्यास जशी दिसते तशी ती साधारणपणे वर्तुळाकार समोच्चरेषांनी दाखविलेली असते. पायथ्याकडील कमी उंचीचा प्रदेश सर्वात बाहेरील वर्तुळाकृती समोच्चरेषेने तर माथ्याकडील जास्त उंचीचा प्रदेश सर्वात आतील वर्तुळाकृती समोच्चरेषेने दर्शविला जातो. (आकृती क्र. 1.8)

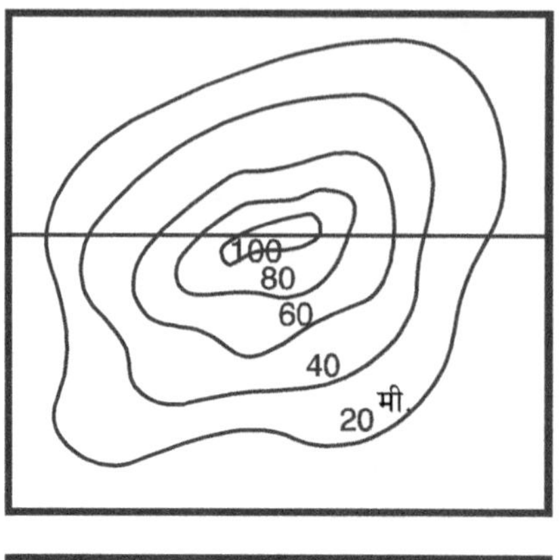

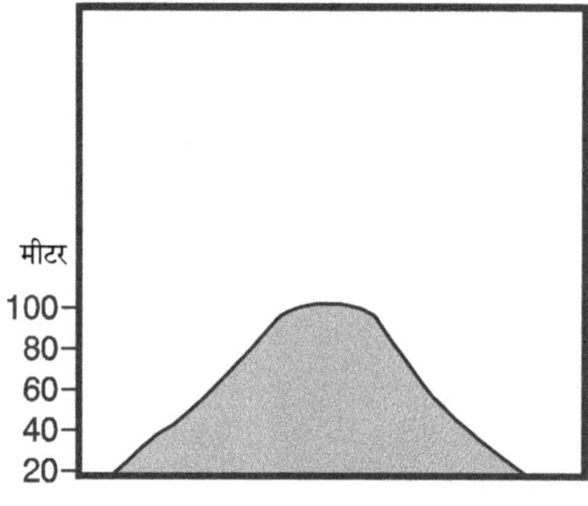

(आकृती क्र. 1.8)
शंक्वाकृती टेकडी (Conical Hill)

2) पठार -

विस्तीर्ण सपाट प्रदेशामध्ये काही उंचीवर जो विस्तृत सपाट भाग असतो. त्याला पठार असे म्हणतात. याच्या सर्व बाजू तीव्र उताराच्या असतात. साधारणपणे पठारांची उंची 300 मीटर पेक्षा जास्त असते. पठारदर्शक समोच्चरेषा आयताकृती असून माथ्यावरील सपाट प्रदेश सर्वात आतील समोच्चरेषेने दाखविलेला असतो. पठाराच्या कडा दर्शविणाऱ्या प्रदेशात समोच्चरेषा जवळजवळ काढलेल्या असतात. (आकृती क्र. 1.9)

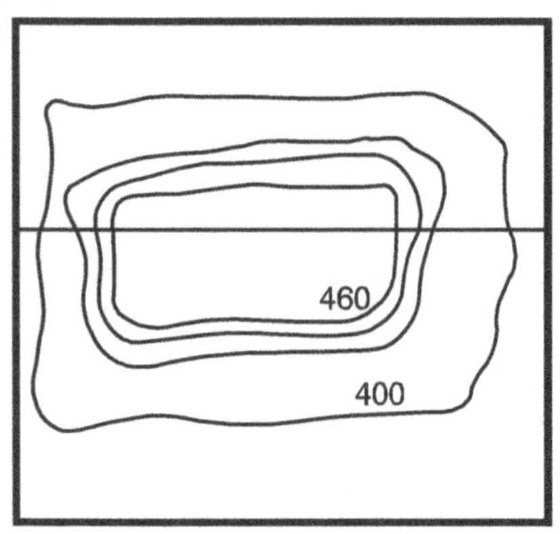

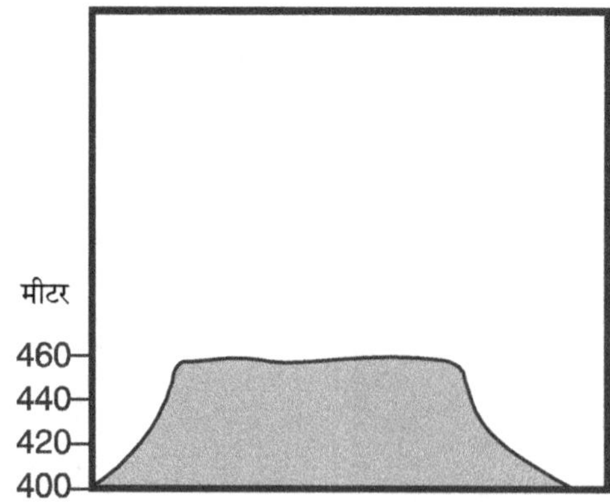

(आकृती क्र. 1.9) पठार (Plateau)

3) कटक –

रुंदीत कमी असलेली लांबट आकाराची टेकडी किंवा एकमेकांना जोडणाऱ्या टेकड्यांची रांग यास कटक असे म्हणतात. यामध्ये समोच्चरेषा सर्वसाधारणपणे लंबवर्तुळाकार असतात व सर्वात आतील समोच्चरेषा जास्त उंची दर्शविते. **(आकृती क्र.** 1.10 **)**

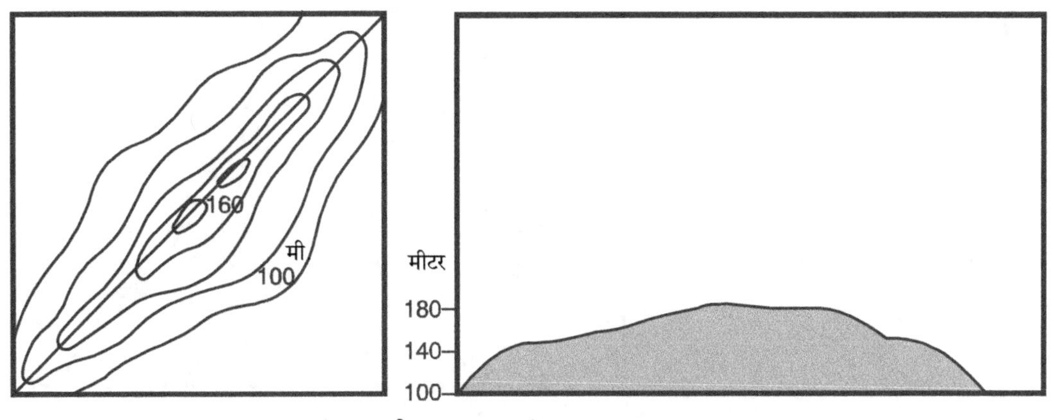

(आकृती क्र. 1.10) कटक **(Ridge)**

4) डोंगराची सोंड –

डोंगराचे उतार जेव्हा आजूबाजूच्या कमी उंचीच्या भागाकडे पसरत गेलेले दिसतात तेव्हा त्यास डोंगराची सोंड असे म्हणतात. हे भूरूप साधारणपणे 'व्ही' आकाराच्या समोच्चरेषांनी दाखवले जाते. सर्वात आतील समोच्चरेषा सर्वात जास्त उंची दर्शविते. **(आकृती क्र.** 1.11 **)**

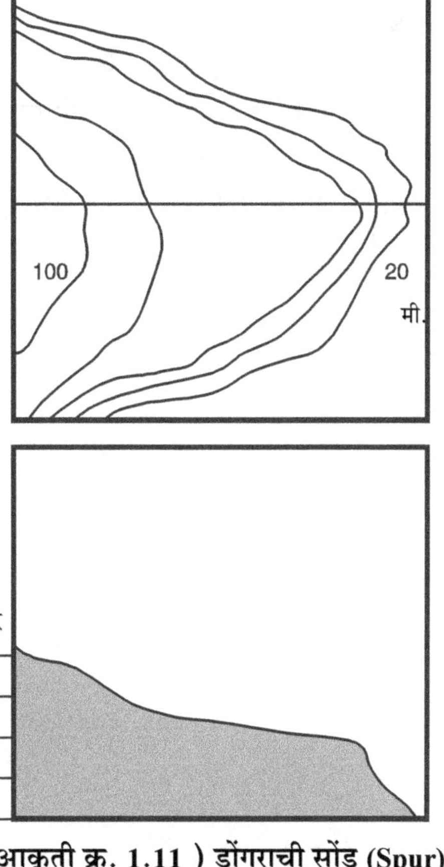

(आकृती क्र. 1.11) डोंगराची सोंड **(Spur)**

5) खिंड –

कटक या भूरूपावर जास्त उंचीच्या दोन डोंगरांच्या दरम्यान जो कमी उंचीचा भाग असतो, त्याला खिंड असे म्हणतात. यात डोंगर दर्शविणाऱ्या समोच्चरेषा लंबवर्तुळाकार असतात. जास्त उंचीवरील खिंडीला 'ग्रीवा' असे म्हणतात. **(आकृती क्र.** 1.12 **)**

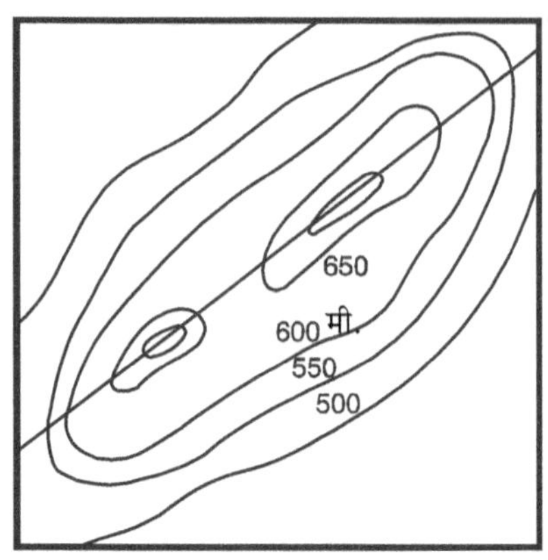

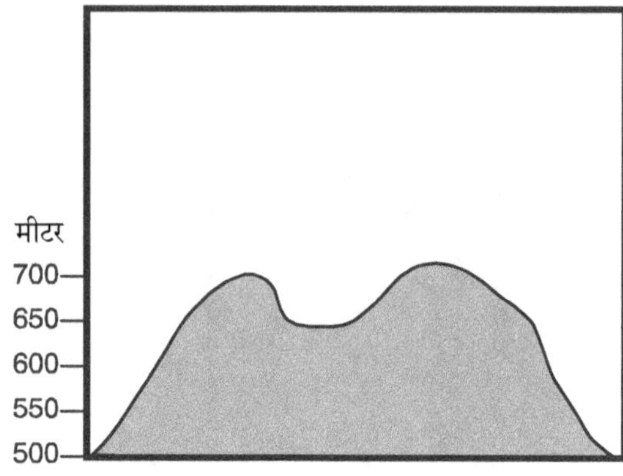

(आकृती क्र. 1.12) खिंड **(Pass)**

6) कडा –

डोंगरउताराचा एखादा भाग जेव्हा एखाद्या उभ्या भिंतीसारखा असतो, तेव्हा त्यास कडा असे म्हणतात. या ठिकाणी समोच्चरेषा एकत्र आलेल्या असतात. नदीच्या प्रवाह मार्गात कडा असल्यास तेथे धबधबा तयार होतो. **(आकृती क्र.** 1.13 **)**

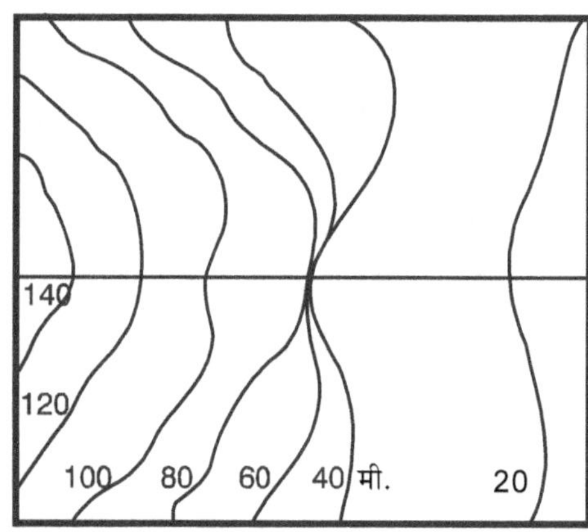

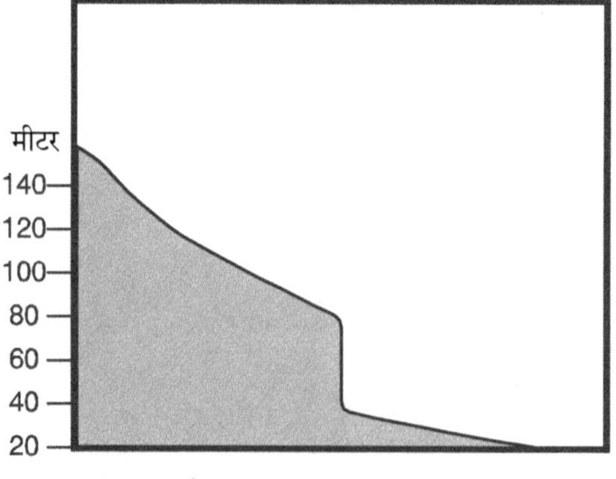

(आकृती क्र. 1.13) कडा **(Cliff)**

7) 'V' आकाराची दरी -

'व्ही' आकाराच्या दरी दर्शक समोच्चरेषा या इंग्रजी 'V' या अक्षराप्रमाणे काढलेल्या असतात. यात सर्वात आतील समोच्चरेषा ही कमी उंची व बाहेरील समोच्चरेषा जास्त उंची दर्शविते. **(आकृती क्र.** 1.14 **)**

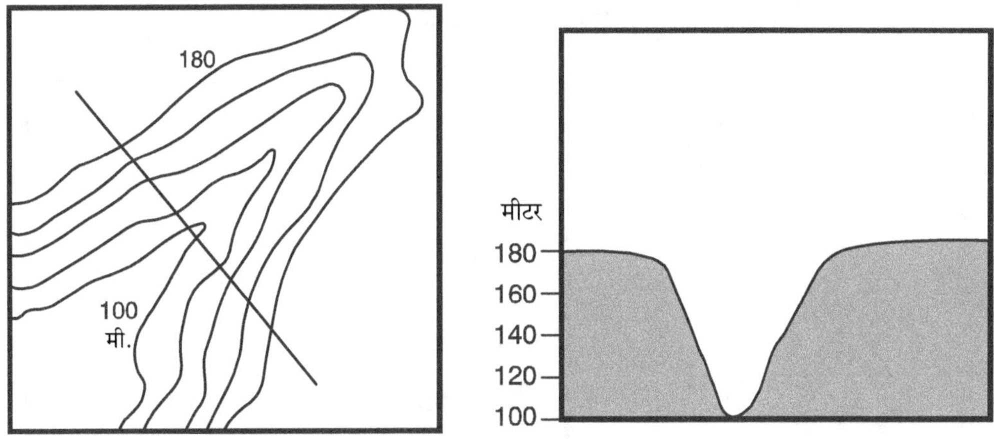

(आकृती क्र. 1.14) **'V' आकाराची दरी ('V' Shaped Valley)**

8) 'U' आकाराची दरी -

हिमनदीच्या खनन कार्यामुळे तीव्र उताराच्या बाजू व सपाट तळ असलेल्या 'यू' आकाराच्या दऱ्या तयार होतात. इंग्रजी 'U' अक्षराप्रमाणे दिसणाऱ्या समोच्चरेषांनी 'यू' आकाराची दरी दर्शवितात. सर्वात आतील समोच्चरेषा कमी उंचीच्या असून त्या 'यू' आकाराच्या दरीचा तळ दर्शवितात. **(आकृती क्र.** 1.15**)**

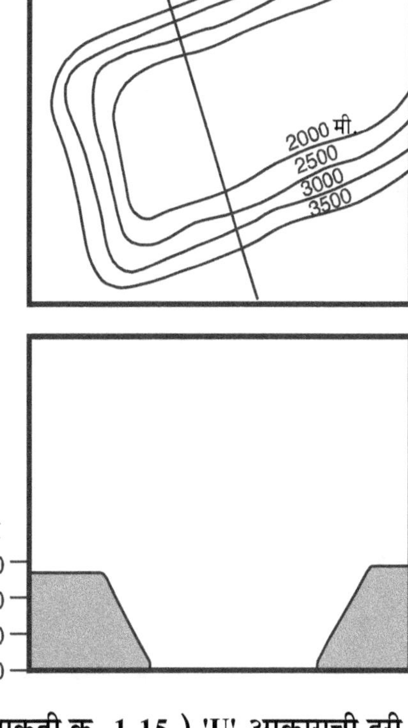

(आकृती क्र. 1.15) **'U' आकाराची दरी**
('U' Shaped Valley)

9) घळई –

डोंगराळ प्रदेशात अरुंद खोल व तीव्र बाजू असलेले नदीचे पात्र तयार होते. यास नदीची घळई असे म्हणतात. हे भूरूप मुख्यतः नदीच्या उगमाकडील प्रदेशात आढळते. इंग्रजी 'व्ही' अक्षराप्रमाणे समोच्चरेषांचा आकार असतो व सर्वांत आतील समोच्चरेषा सर्वांत कमी उंची दर्शविते. **(आकृती क्र.** 1.16 **)**

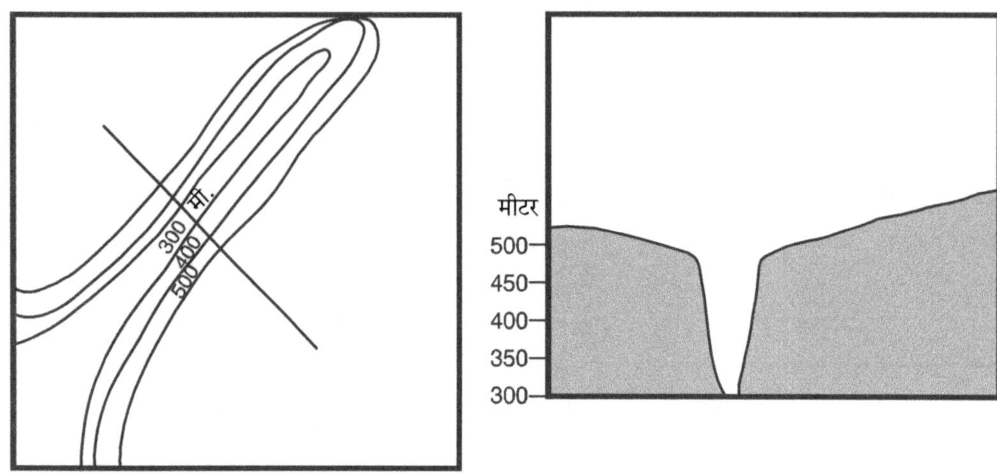

(**आकृती क्र. 1.16**) घळई (Gorge)

प्रकरण 2

भारतीय स्थलनिर्देशक नकाशांचे वाचन
(Introduction to S.O.I. Toposheets)

भारतीय स्थलनिर्देशक नकाशे हे प्रदेशाच्या माहितीने परिपूर्ण असतात. यामध्ये मुख्यतः प्रदेशाची उंची, जलप्रणाली, वनस्पती, वस्त्या व वाहतुकीचे मार्ग, शेतीखालील जमीन इत्यादी घटक दर्शविलेले असतात.

या नकाशांमध्ये प्राकृतिक घटकांची नांवे उदा. नद्या, पर्वत इत्यादी ही उभ्या दिशेत तर सांस्कृतिक घटकांची नावे जसे रस्ता, खेडे इ. तिरकी लिहिलेली असतात. घटकांच्या आकारमानानुसार अक्षरांचा आकार लहान मोठा लिहिलेला असतो. ही सर्व नांवे घटकांच्या उजव्या बाजूस लिहिलेली असतात. रस्ते, नद्या यासारख्या रेषीय चिन्हांची नावे त्या रेषेच्या थोडी वर लिहिलेली असतात. सरोवरे, बेटे यांची नावे त्यांच्या आत किंवा बाहेर अशा पद्धतीने लिहिलेली असतात की ती घटकांच्या सीमा भेदून जात नाहीत. सर्व उंचीदर्शक अंक नेहमी काळ्या रंगात दाखविलेले असतात. पर्वतांची नावे त्यांच्या शिखररेषेवर दाखविलेली असतात.

खालील मुद्यांच्या आधारे भारतीय स्थलनिर्देशक नकाशांचे वाचन केले जाते.

अ) प्रास्ताविक -

यामध्ये आपण वाचनासाठी घेतलेल्या स्थलनिर्देशक नकाशातील समासातील माहिती उपयोगात आणली जाते. उदा. नकाशात समाविष्ट असणारा राजकीय विभाग, निर्देशांक, सर्वेक्षणाचे वर्ष इ. माहिती घेणे आवश्यक असते. ही सर्व माहिती नकाशावर विशिष्ट ठिकाणी समासातील माहिती म्हणून नोंदवलेली असते. सोबत दिलेल्या आकृतीत या सर्व माहितीचे स्थान दर्शविलेले आहे. (आकृती क्र.2.1) नकाशात समासातील माहितीचा सांकेतिक चिन्हे व खुणा हा अत्यंत महत्त्वाचा घटक आहे. कारण यामध्ये प्रत्येक चिन्हाचे अर्थपूर्ण वर्णन केलेले असते, ज्याचा उपयोग नकाशावाचन करताना खूप चांगल्या प्रकारे करता येतो. आकृती क्र. 2.2 मध्ये ही सर्व सांकेतिक चिन्हे व खुणा त्यांच्या अर्थासहित दर्शविलेली आहेत. त्यांच्या आधारे पुढील घटकांचे वाचन केले जाते.

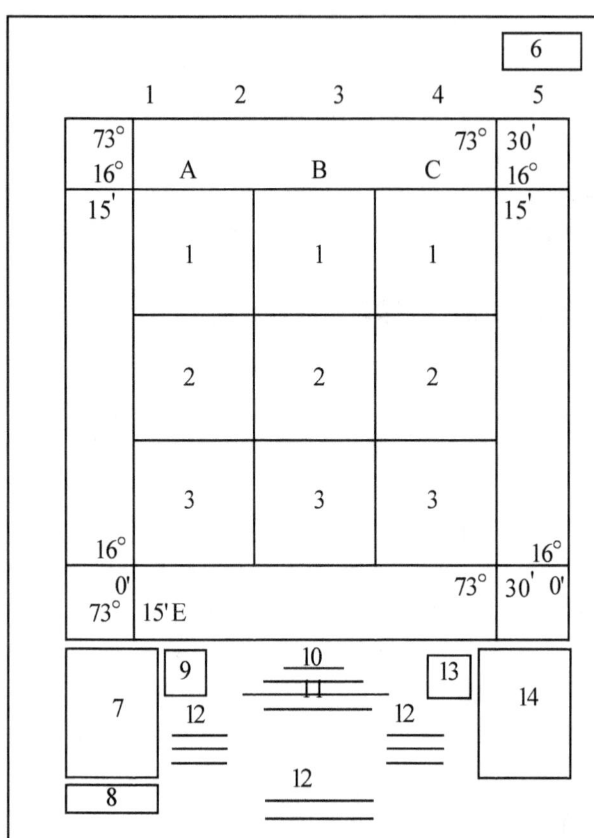

(आकृती क्र. 2.1)

भारतीय स्थलनिर्देशक नकाशातील आजूबाजूची माहिती

1   जिल्ह्याचे नांव

2   सर्वेक्षणाचे वर्ष

3   राज्य

4   संस्करण व चुंबकीय विचलन

5   निर्देशांक

6   नकाशा संदर्भ

7   सांकेतिक खुणा व चिन्हे

8   नकाशा संदर्भ

9   इतर नकाशांचे निर्देशांक

10   प्रकाशन वर्ष

11   नकाशाचे नाव / प्रमाण / समोच्च रेषांतर

12   विशेष टिपण

13   प्रशासकीय संदर्भ

14   सांकेतिक खुणा व चिन्हे

(आकृती क्र. 2.2) भारतीय स्थलनिर्देशक नकाशातील सांकेतिक चिन्हे व खुणा

रस्ते : पक्के, (महत्त्वानुसार), अंतर दर्शक दगडासह ....

रस्ते : कच्चे (महत्त्वानुसार), पूल..

बैलगाडीचा रस्ता, डबर रस्ता आणि खिंड, पाऊलवाट पूलासह ....

पूल : दगडी खांबासह, खांबविरहीत, फरसबंद, नदीपार स्थळ किंवा तर

नद्या : पायातील मार्ग, अनिश्चित, कालवा ....

धरणे : गवंडी कामाने किंवा दगडी, मातीचे, बंधारा ....

नदी किनारे: पसरट, तीव्र उताराचे, 3 ते 6 मीटर, 6 मीटरपेक्षा जास्त ......

नदी किनारे: कोरडे (प्रवाह मार्गासह), बेटे व खडकयुक्त, भरती मार्ग ....

बुडालेले खडक, उथळ, दलदल, वेत ....

विहिरी : बांधीव (पक्की), कच्ची, कूपनलिका, झरा, तलाव/टाकी (कायम, कोरडी) ....

बंधारे : रस्त्यावर किंवा लोहमार्गावर, टाकीचे बंधारे, भग्न प्रदेश...............

लोहमार्ग : रुंद मापी दुहेरी, एकेरी स्थानकासह, बांधकाम चालू असलेला..............

लोहमार्ग : इतर मापी दुहेरी, एकेरी स्थानकासह अंतरदर्शक दगडासह, बांधकाम चालू असलेला.

खनिज मार्ग / ट्राम मार्ग, तार मार्ग, बोगदा व कटाई ....

समोच्चरेषा : भूआकारासह, खडक युक्त उतार, कडे ....

वालुकारुपे : सपाट, वाळूच्या टेकड्या (सर्वेक्षित), अस्थायी वाळूच्या टेकड्या ....

शहरे व खेडी : वसलेली, परित्यक्त (सोडून दिलेली), किल्ला ....

झोपड्या : कायमच्या, तात्पुरत्या, मनोरा, प्राचीन वास्तू...............................

मंदिर, छत्री, चर्च, मशीद, इदगाह, समाधी, थडगे ....

दीपगृह, दीपनौका, तराफा : प्रकाशित, अप्रकाशित, बंदर (नांगर टाकण्याची जागा)

खाण, मळा (उदा.द्राक्षांची बाग), गवत, खुरटी झुडूपे ....

ताडवृक्ष : इतर, केळीच्या बागा, सूचिपर्णी वृक्ष, बांबू, इतर वृक्ष ....

सीमा : आंतरराष्ट्रीय ....

सीमा : राज्य, निर्धारित; अनिर्धारित ....

सीमा : जिल्हा, उपविभाग, तालुका, जंगल ....

सीमा : स्तंभ, सर्वेक्षित, अनिश्चित, तिठा ....

उंची : त्रिकोणमिती स्थानक, ठिकाण, अंदाजे ....

बेंच मार्क : जिओडेटिक, तृतीयक, कालवा ....

पोस्ट ऑफीस, तार ऑफीस, संयुक्त ऑफीस(पोस्ट व तार ऑफीस), पोलिस स्टेशन ....

बंगले : डाक किंवा प्रवासी, पर्यवेक्षक, आरामगृह ....

सर्किट हाऊस, शिबीर स्थळ, जंगल : आरक्षित, संरक्षित ....

नावे : प्रशासकीय स्थान, जाती जमाती ....

<table>
<tr><td></td><td></td><td></td><td></td></tr>
<tr><td>△200</td><td>.200</td><td></td><td>.200</td></tr>
<tr><td>.BM 63.3</td><td>.BM 63.3</td><td></td><td>.63</td></tr>
<tr><td>PO</td><td>TO</td><td>PTO</td><td>PS</td></tr>
<tr><td>DB</td><td>IB(Canal)</td><td colspan="2">RH(Forest)</td></tr>
<tr><td>CH</td><td>CG</td><td>RF</td><td>PF</td></tr>
<tr><td>KIKRI</td><td></td><td colspan="2">NĀGA</td></tr>
</table>

Signs & Symbols used in SOI toposheets

Roads : metalled according to importance; distance stone

Roads : unmetalled according to importance; bridge

Cart-track, Pack-track and pass, Foot path with bridge

Bridges : with piers; without, Causeway, Ford or Ferry

Streams : with track in bed; undefined, Canal

Dams : masonry or rock-filled; earthwork, Weir

River banks : shelving; steep, 3 to 6 metres; over 6 metres

River banks : dry with water channel; with island & rocks. Tidal river

Submerged rocks, Shoal, Swamp, Reeds

Wells : lined; unlined, Tube well, Spring, Tanks: perennial; dry

Embankments : road or rail, tank, Broken ground

Railways : broad gauge: double; single with station; under constrn

Railways : other gauges: double; single with distance stone; under constrn

Mineral line or tramway, Telegraph line, Cutting with tunnel

Contours with sub-features, Rocky slopes, Cliffs

Sand features : (1) flat, (2) sand-hills and dunes (surveyed), (3) shifting dunes

---

Towns or Villages : inhabited; deserted, Fort

Huts : permanent, temporary, Tower, Antiquities

Temple, Chhatri, Church, Mosque, Idgah, Tomb, Graves

Lighthouse, Lightship, Buoys : lighted, unlighted, Anchorage

Mine, Vine on trellis, Grass, Scrub

Palms : palmyra, other, plantain, Conifer, Bamboo, Other trees

Boundary: international

Boundary: state : demarcated, undemarcated

Boundary: district: subdivn, tahsil or taluk, forest

Boundary: pillars: surveyed, unlocated, village trijunction

Heights : triangulated: station, point, approximate — △200, .200, .200

Bench-mark : geodetic, tertiary, canal — .BM 63.3, .BM 63.3, .63

Post office, Telegraph office, Combined office, Police station — PO, TO, PTO, PS

Bungalows : dak or traveller's, inspection, Rest-house — DB, IB(Canal), RH(Forest)

Circuit house, Camping ground, Forest : reserved, protected — CH, CG, RF, PF

Spaced names : administrative, locality or tribal — KIKRI, NĀGA

ब) प्राकृतिक घटक –

प्राकृतिक घटकांचे वाचन करताना पुढील घटकांचा समावेश केला जातो.

भूपृष्ठाचा उठाव –

उठावाचे वर्णन करताना उंची, उतार इत्यादी घटक सांगताना त्रिकोणमिती बिंदू, स्थलउच्चांक, बेंच मार्क तसेच समोच्चरेषा यांचा वापर केला जातो. नकाशात समोच्चरेषा तपकिरी रंगाने दाखवतात. भूपृष्ठाच्या उठावाचे वर्णन करताना नकाशात दर्शविलेला प्रदेश पर्वतीय, मैदानी, पठारी किंवा किनारपट्टीचा प्रदेश यापैकी कोणता आहे ते ओळखून त्याचे वर्णन केले जाते. पर्वतीय प्रदेश असल्यास तेथे डोंगर रांगांचे आधिक्य दिसते. याप्रदेशातील दऱ्या, शिखरे, खिंडी, तीव्र उतार यासारख्या गोष्टींच्या साहाय्याने पर्वतीय प्रदेशाचे वर्णन केले जाते. पठारी प्रदेश असल्यास घळई, खिंड, दऱ्या इत्यादींच्या सहाय्याने तर मैदानी प्रदेश असल्यास मैदानातील नद्या, नद्यांची वळणे, पूरतट इ. गोष्टींच्या साहाय्याने वर्णन केले जाते. समुद्रकिनाऱ्याचा प्रदेश असल्यास तेथे असणाऱ्या खाड्या, भूशिरे, त्रिभूज प्रदेश, बेटे, पुळणी इत्यादींची माहिती देणे आवश्यक आहे.

वेगवेगळे भूप्रदेश व भूआकार यांचे स्वरूप स्पष्ट करण्यासाठी समोच्चरेषांच्या साहाय्याने छेद घेऊन भूआकारांचे वर्णन केले जाते. सोबतच्या आकृती क्र. 2.3 मध्ये समोच्चरेषांवर घेतलेला छेद दाखविलेला आहे.

छेद घेण्याची कृती –

1) दिलेल्या नकाशात जास्तीत जास्त भूरूपे दाखवता येतील अशा रीतीने छेदरेषा नक्की करावी.

2) छेदरेषेला छेदून जाणाऱ्या सर्व समोच्चरेषांच्या उंचीदर्शक, किंमती नक्की कराव्यात.

3) छेदरेषेच्या दोन्ही टोकास 'अ' आणि 'ब' अक्षरे लिहावीत.

4) कागदाची एक पट्टी या छेदरेषेला स्पर्श करून ठेवावी व 'अ' व 'ब' च्या दरम्यान येणाऱ्या सर्व छेदबिंदुंच्या खुणा कागदाच्या पट्टीवर करून घ्याव्यात.

5) प्रत्येक बिंदूची उंची दर्शक किंमत कागदाच्या पट्टीवरील खुणांवर लिहावी.

6) आलेख कागदावर पट्टीवरील, कमीत कमी व जास्तीत जास्त किंमती लक्षात घेऊन 'य' अक्षावर प्रमाण घ्यावे. आलेखाच्या 'क्ष' अक्षावर कागदाची पट्टी ठेवून उंचीदर्शक छेदबिंदू त्या त्या उंचीनुसार य अक्षावरील प्रमाणानुसार दाखवावेत.

7) हे सर्व बिंदू पेन्सिलने हलक्या हाताने एकमेकास जोडून छेदरेषा मिळवावी.

8) आलेखाच्या 'क्ष' अक्षाची नकाशाच्या प्रमाणानुसार विभागणी करून पट्टीचे एकूण अंतर दाखवावे. उदा. नकाशाचे प्रमाण 1 सेमीला 500 मीटर असल्यास 'क्ष' अक्षावर दर सेमीला 500 मीटर अंतर दाखवावे.

9) नकाशाच्या प्रमाणानुसार 'य' अक्षावर उंचीचे प्रमाण घेतल्यास छेदरेषा वास्तव स्वरूपात मिळते.मात्र छेदरेषेच्या पट्टीवरील बिंदूमधील कमीत कमी व जास्तीत जास्त उंचीतील फरक (सापेक्ष उंची) कमी असल्यास वास्तव निर्देशन करता येत नाही. अशा वेळी 'य' अक्षावरील प्रमाण मूळप्रमाणापेक्षा खूपच कमी घ्यावे लागते. उदा. 1 सेमीला 500 मीटर असे प्रमाण असणाऱ्या नकाशासाठी 'य' अक्षावर 1 सेमीला 100 मीटर किंवा त्यापेक्षा कमी प्रमाण घ्यावे लागते. म्हणजेच 100 मीटर प्रमाण घेतल्यास छेदाचे निर्देशन 500/100=5 पट मोठे होते. यास उभ्या दिशेने होणारी अवास्तवता (Vertical exaggeration) असे म्हणतात.

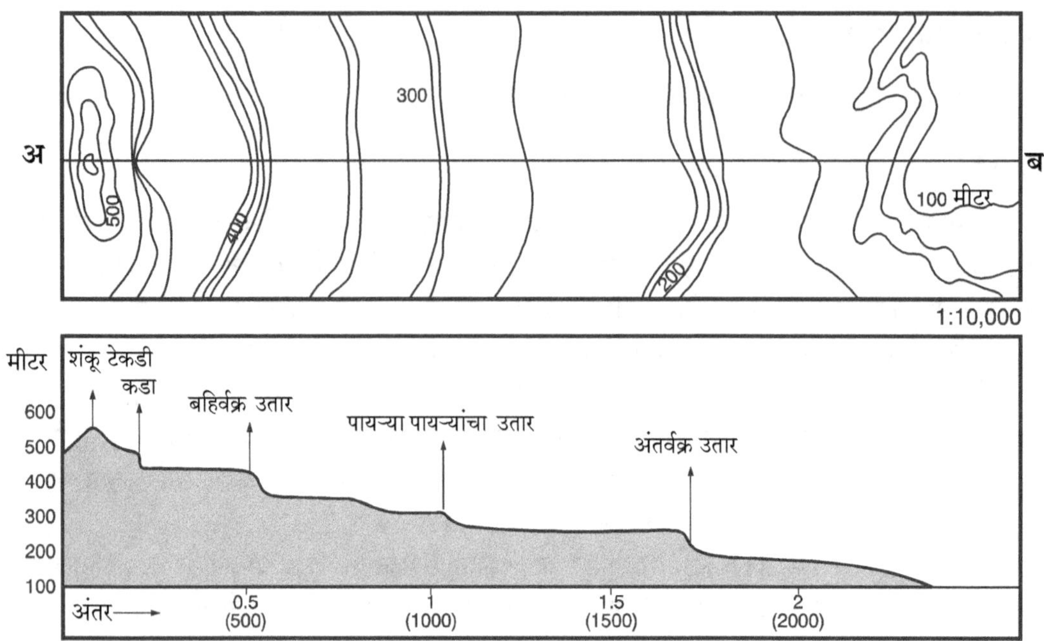

आकृती क्र. २.३ भूप्रदेशाचा छेद
(Cross Profile of a Region)

यामुळे कमी उंचीची टेकडी एखाद्या उंच पर्वतासारखी किंवा उथळ नदीपात्र एखाद्या खोल घळईसारखे भासते. म्हणून छेदरेषेच्या शेजारी अवास्तवतेची नोंद करणे आवश्यक आहे.

10) छेदरेषा काढताना स्थलनिर्देशक नकाशा मेट्रिक प्रमाणात असल्यास सें.मी. चा आलेख कागद व ब्रिटीश प्रमाणात असल्यास इंचाचा आलेख कागद घ्यावा.

जलप्रणाली

1) दिशा, स्वरूप व आकृतीबंध – नद्यांच्या प्रवाहमार्गाने तयार केलेल्या विशिष्ट आकृतीबंधाला जलप्रणाली असे म्हणतात. नकाशात हे आकृतीबंध शोधण्यापूर्वी मुख्यप्रवाह व त्याला येऊन मिळणारे उपप्रवाह शोधावे लागतात. प्रवाहांच्या दिशेवरून प्रदेशाच्या उताराचीही कल्पना येते. स्थलनिर्देशक नकाशाचे वाचन करताना प्रवाहमार्गाचे आकृतीबंध, वाहण्याच्या दिशा, त्यांना प्राप्त झालेली वळणे, मुख्य प्रवाह मार्गात झालेले गाळाचे संचयन, दोन्ही बाजूस असलेली पूरमैदाने, नदी पात्रांची खोली, प्रवाहमार्गावरील धरणे व जलाशये या सर्व गोष्टींचे वर्णन केले जाते. रंगीत स्थलनिर्देशक नकाशात निळ्या रंगात दाखवलेले जलप्रवाह त्यांचे बारमाही स्वरूप दर्शवितात. जलप्रणालीचे सर्वसामान्यपणे आढळणारे प्रकार आकृती क्र. 2.4 मध्ये दाखविले आहेत. ठराविक प्रकारच्या खडकात, ठराविक हवामानात व खडक रचनेत विशिष्ट आकृतीबंध आढळतो. उदा. महाराष्ट्रातील बेसाल्ट खडकात वृक्षाकार जलप्रणाली प्रामुख्याने आढळते.

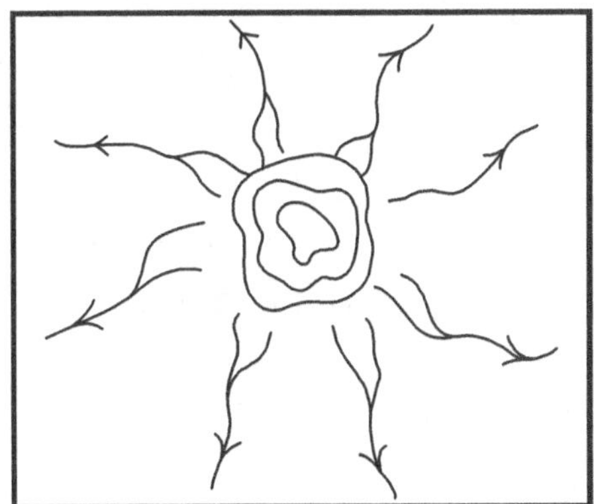

अरीय नदी प्रणाली
(Radial Drainage Pattern)

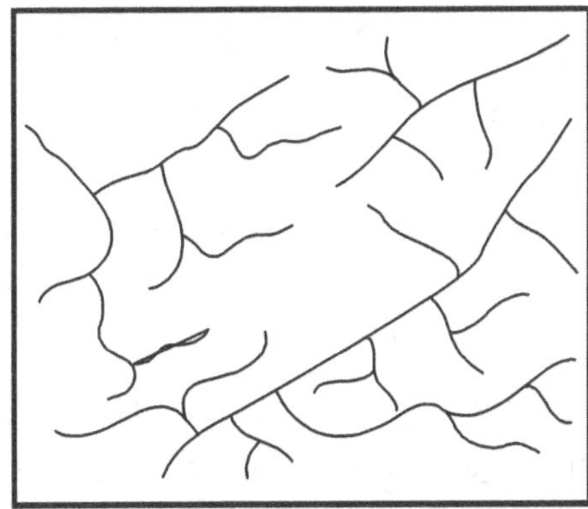

आयताकृती नदी प्रणाली
(Rectangular Drainage Pattern)

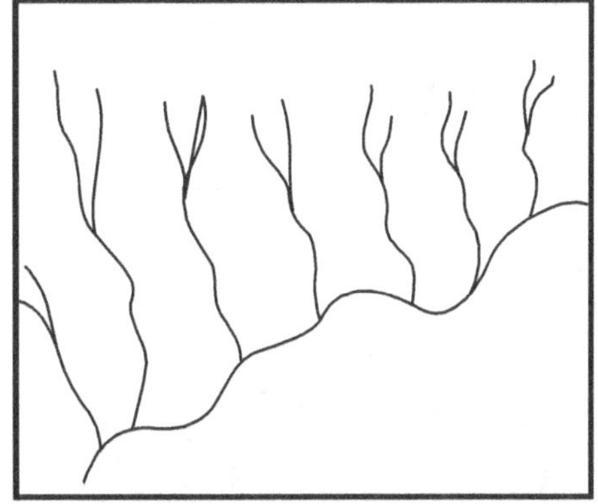

समांतर नदी प्रणाली
(Parallel Drainage Pattern)

वृक्षाकार नदी प्रणाली
(Dendratic Drainage Pattern)

(आकृती क्र. 2.4) जलप्रणाली : नदी प्रणालीचे प्रकार

2) नदीची अनुगामी पार्श्वरेखा – जलप्रणालीतील जलप्रवाहाचे वर्णन करताना नदीपात्राचे स्वरूप समजणे आवश्यक असते. त्यासाठी नदीप्रवाहाचा प्रवाहमार्गाला अनुसरून छेद काढला जातो. (अनुगामी पार्श्वरेखा Longitudinal Profile)

पुढील आकृतीत नदीची अनुगामी पार्श्वरेखा काढून दाखविली आहे. (आकृती क्र. 2.5)

1) नकाशावर दिसणाऱ्या नदी प्रवाहांपैकी उगमापासून दिसणारी व पुरेशा लांबीची तसेच जिच्या प्रवाहमार्गात कमीत कमी पाच समोच्चरेषा छेदताना दिसतात अशा नदीची निवड करावी.

2) उगमापाशी छेदणाऱ्या समोच्चरेषेची उंची व नदीमार्गाच्या शेवटच्या टोकाजवळ छेदणाऱ्या समोच्चरेषेची उंची नोंदवावी व सापेक्ष उंची ठरवावी.

3) पुरेशा लांबीचा जाड पांढरा दोरा घ्यावा. त्याचे एक टोक नदीच्या उगमाकडील टोकापासून थोडे वर ठेवावे. नंतर त्या टोकाशी खूणेसाठी एक गाठ मारून दोरा नदीमार्गातून पुढे पुढे न्यावा व ज्या ठिकाणी नदीमार्गास

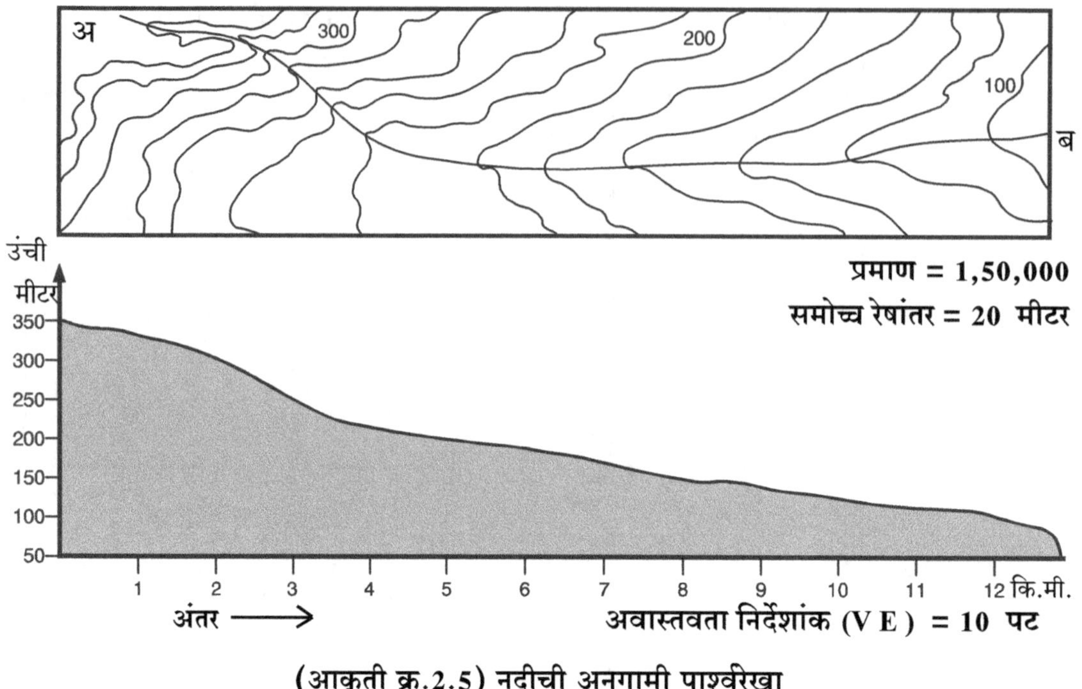

(आकृती क्र.2.5) नदीची अनुगामी पाश्वरेखा

समोच्चरेषा छेदतात त्या ठिकाणी दोऱ्यावर खूण करावी. प्रत्येक खूणेची उंचीदर्शक किंमत एका तक्त्यात त्याचवेळी नोंदवून ठेवावी. नदी प्रवाह जसा वेडावाकडा असेल तसा दोराही नदीमार्गावरून वळवून घ्यावा. अशा रीतीने नदीच्या उगमापासून शेवटच्या टोकापर्यंत दोऱ्यावर खुणा करून घ्याव्यात.

4) नकाशाच्या प्रमाणानुसार सेंमी किंवा इंचाचा आलेख कागद घेऊन त्यावर दोऱ्याच्या लांबी इतका 'क्ष' अक्ष दाखवावा. तसेच सापेक्ष उंची लक्षात घेऊन 'य' अक्षावर उंचीदर्शक खुणा कराव्यात व उंचीचे आकडे लिहावेत.

5) दोरा 'क्ष' अक्षावर ताणून ठेवावा व दोऱ्यावरील उंचीदर्शक खुणा 'य' अक्षावर उर्ध्वदिशेत दाखवाव्यात. या सर्व खुणा हलक्या हाताने जोडून नदीची अनुगामी पाश्वरेखा मिळवावी.

6) 'य' अक्षावर घेतलेल्या प्रमाणानुसार पाश्वरेखेचा अवास्तवता निर्देशांक काढावा व त्याची नोंद आकृती शेजारी करावी.

नदीची पाश्वरेखा पुढील गोष्टींचे निर्देशन करते.

अ) नदीचा विकासक्रम विनाअडथळा पूर्ण झाला असल्यास तिची पाश्वरेखा उगम दिशेने अंतर्वक्र दिसते.

ब) विकास क्रमात प्रस्तरभंग, खचणे, समुद्रपातळीत बदल अशा तऱ्हेचे अडथळे आल्यास पाश्वरेखेच्या अंतर्वक्रपणात खंड पडतो.

वनस्पती

भारतीय स्थलनिर्देशक नकाशात वनस्पती हिरव्या रंगाने व विशिष्ट सांकेतिक खुणांनी दाखवतात. तसेच संरक्षित जंगले, राखीव जंगले, गवत, खुरट्या वनस्पती यांचाही उल्लेख नकाशात केलेला असतो.

क) सांस्कृतिक घटक

यात प्रामुख्याने मानव निर्मित घटकांचे निर्देशन केलेले असते. उदा. वस्त्या, भूमी उपयोजन, वाहतूक, दळणवळण इत्यादी या घटकांचे वाचन करताना पुढील गोष्टींची नोंद घ्यावी.

अ) वस्त्या - भारतीय स्थलनिर्देशक नकाशात वस्त्या लाल रंगात दाखवलेल्या असतात. वस्ती या घटकाचे वाचन करताना वस्तीचे स्थान उदा. डोंगर उतारावरील नदींकाठी, वस्तीचा प्रकार, ग्रामीण / शहरी वस्तींचा आकृतीबंध उदा. रेषीय, गोलाकार, त्रिकोणाकृती, आयताकृती इत्यादी वस्त्यांचे आकृतीबंध- केंद्रित किंवा विखुरलेल्या, वस्तीमध्ये असणाऱ्या सोयी उदा. पोस्ट ऑफीस, बँक, दवाखाना, पाणी पुरवठा, वीज, तसेच वस्तीचे कार्य उदा. शेती, कारखानदारी, खाणकाम इत्यादी गोष्टींची नोंद घ्यावी.

सोबत दिलेल्या आकृती क्र. 2.6 मध्ये ग्रामीण वस्त्यांच्या आकृतीबंधाचे महाराष्ट्रात आढळणारे काही प्रकार दाखविले आहेत. महाराष्ट्रात कोकणातील किनारपट्टीवरील बहुतांशी वस्त्या या रेखीय प्रकारच्या असतात. सह्याद्रीच्या डोंगराळ भागात वस्त्या केंद्रित असतात. या उलट पठारी किंवा मैदानी प्रदेशात या वस्त्या आकाराने मोठ्या व विखुरलेल्या असतात.

ब) भूमी उपयोजन - स्थलनिर्देशक नकाशांचा अभ्यास करताना नकाशावरील रंगांनुसार भूमी उपयोजनाचे विविध प्रकार ओळखले जातात.निळा रंग सामन्यपणे जलाशये, नद्या यांचे क्षेत्र दाखवतो. पिवळ्या रंगावरून शेतजमिनीचे क्षेत्र समजते. हिरव्या रंगाचा वापर वनस्पती, जंगले दाखवण्यासाठी केलेला असतो. लाल रंगाने रस्ते आणि वस्त्या यांनी व्यापलेले क्षेत्र समजू शकते.

क) वाहतूक व संदेशवहन - स्थलनिर्देशक नकाशात वाहतूक मार्ग अतिशय परिणामकारकरित्या दाखवलेले असतात. यामध्ये लोहमार्ग, विविध प्रकारचे रस्ते, दूरध्वनी मार्ग इत्यादी दाखवलेले असतात. मैदानी व पठारी प्रदेशात वाहतूक मार्गांचे जाळे आढळते. वस्त्यांचे स्थान व त्यांचे आकृतीबंध यावर वाहतूक व दळणवळण यांचा परिणाम झालेला आढळतो.

ड) नकाशावाचन

काही प्रातिनिधिक भारतीय स्थलनिर्देशक नकाशांचे भाग नकाशा क्र. 2.1, 2.2 व 2.3 मध्ये दाखवले आहेत. हे सर्व नकाशे 1 : 50,000 या प्रमाणावर असून यातील समोच्चरेषांतर 20 मीटर आहे. नकाशा क्र. 2.1 मध्ये समाविष्ट झालेल्या प्रदेशाचा अक्षवृत्तीय विस्तार 21° 35' ते 21° 40' उत्तर अक्षांश व रेखावृत्तीय विस्तार 78° 15' ते 78° 25' पूर्व रेखांश आहे. या प्रदेशाचा जास्तीत जास्त उंचीचा प्रदेश उत्तरेकडे असून त्याची उंची 720 मीटर आहे. या प्रदेशाचा उतार दक्षिण व पूर्व दिशेकडे आहे, हे नदीमार्ग व नद्यांचे आकृतीबंध यावरून लक्षात येते. 704, ·695 व ·570 या उंचीदर्शक खूणा आहेत. नकाशात समोच्चरेषांच्या सहाय्याने नद्यांची खोरी, पठार सदृश सपाट प्रदेश, स्वतंत्र टेकड्या दिसतात.

समाविष्ट प्रदेशात आढळणाऱ्या वनस्पतीमध्ये संरक्षित जंगल असून तेथे दाट मिश्र प्रकारची व इतर प्रकारची वनस्पती आहे.

प्रभात पट्टण ही एक वस्ती असून ती केंद्रित प्रकारची आहे. या वस्तीत पोस्ट ऑफीस असून येथे दर शनिवारी बाजार भरतो. या वस्तीच्या उत्तरेला प्रभात पट्टण याच नावाची आणखी एक छोटी वस्ती आहे. ही रेषीय

(आकृती क्र.2.6) ग्रामीण वस्त्यांचे आकृतीबंध

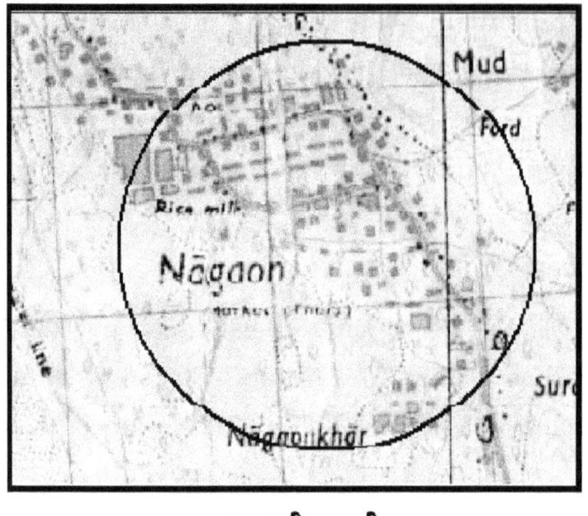

अपसारकृती वस्ती

विखुरलेली वस्ती

रेषीय वस्ती

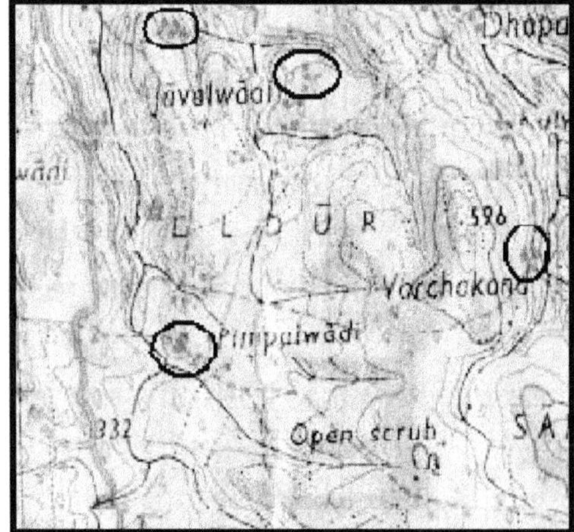

केंद्रित वस्त्या

(नकाशा क्र. 2.1) : भारतीय स्थलनिर्देशक नकाशा

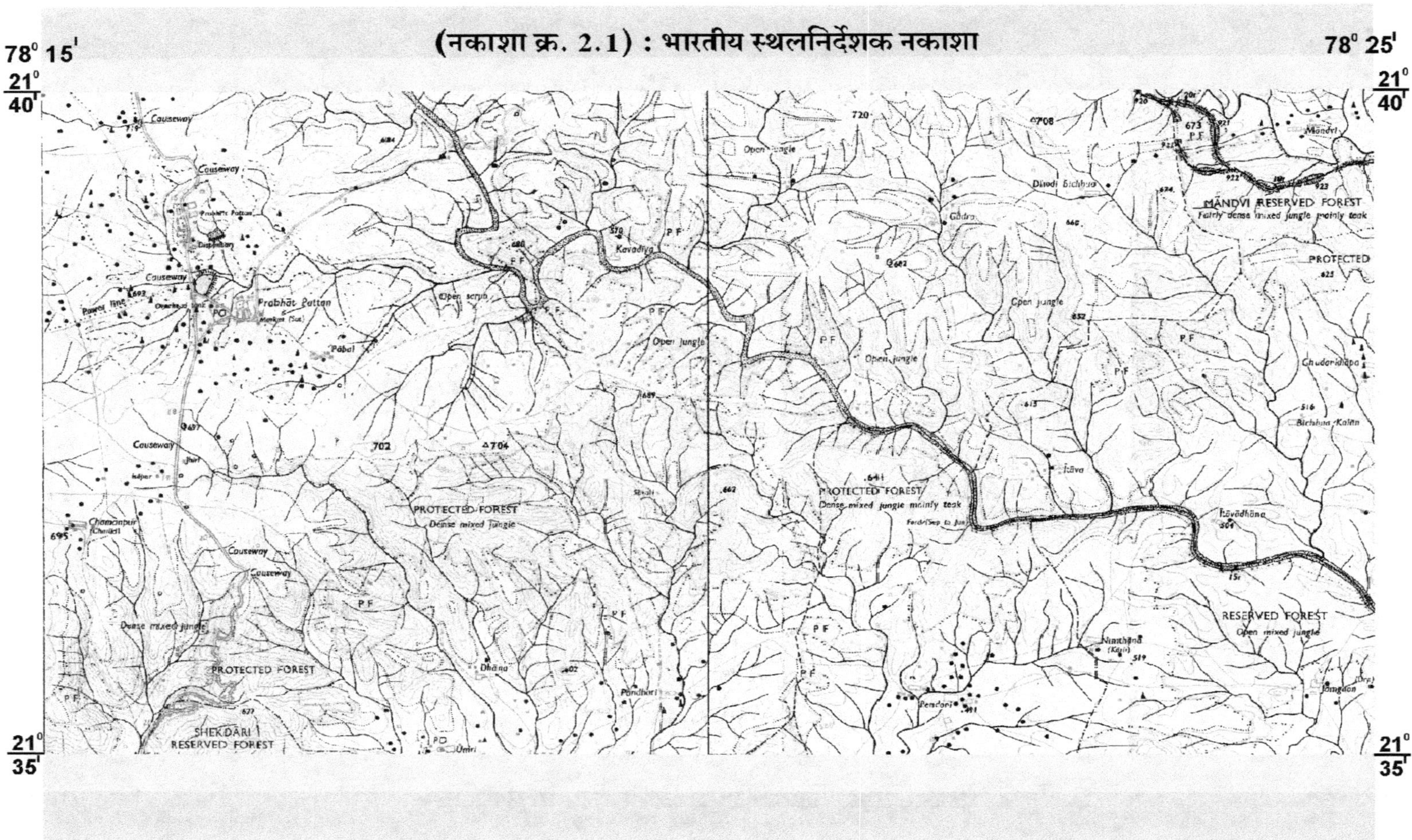

(नकाशा क्र. 2.2) : भारतीय स्थलनिर्देशक नकाशा

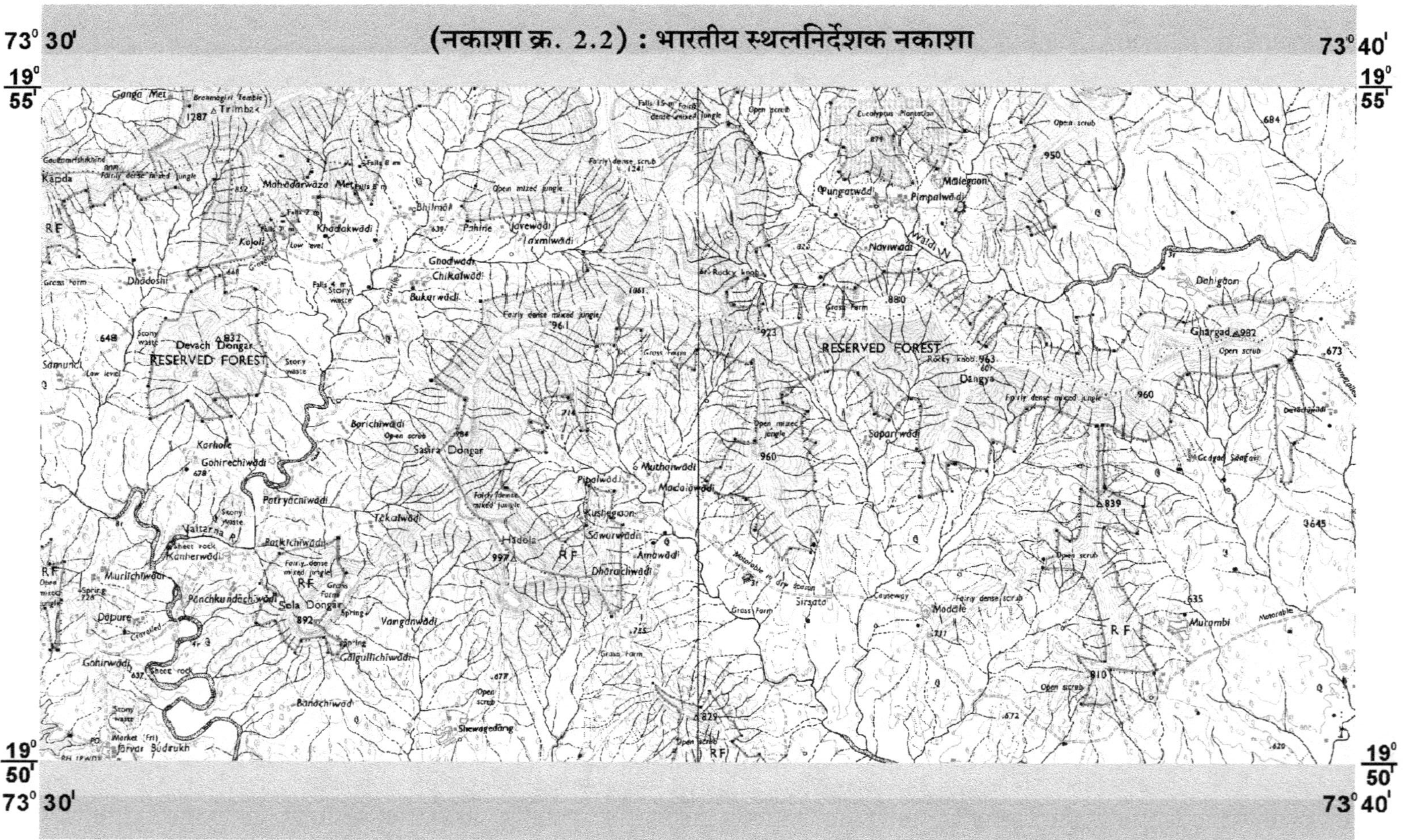

(नकाशा क्र. 2.3) : भारतीय स्थलनिर्देशक नकाशा

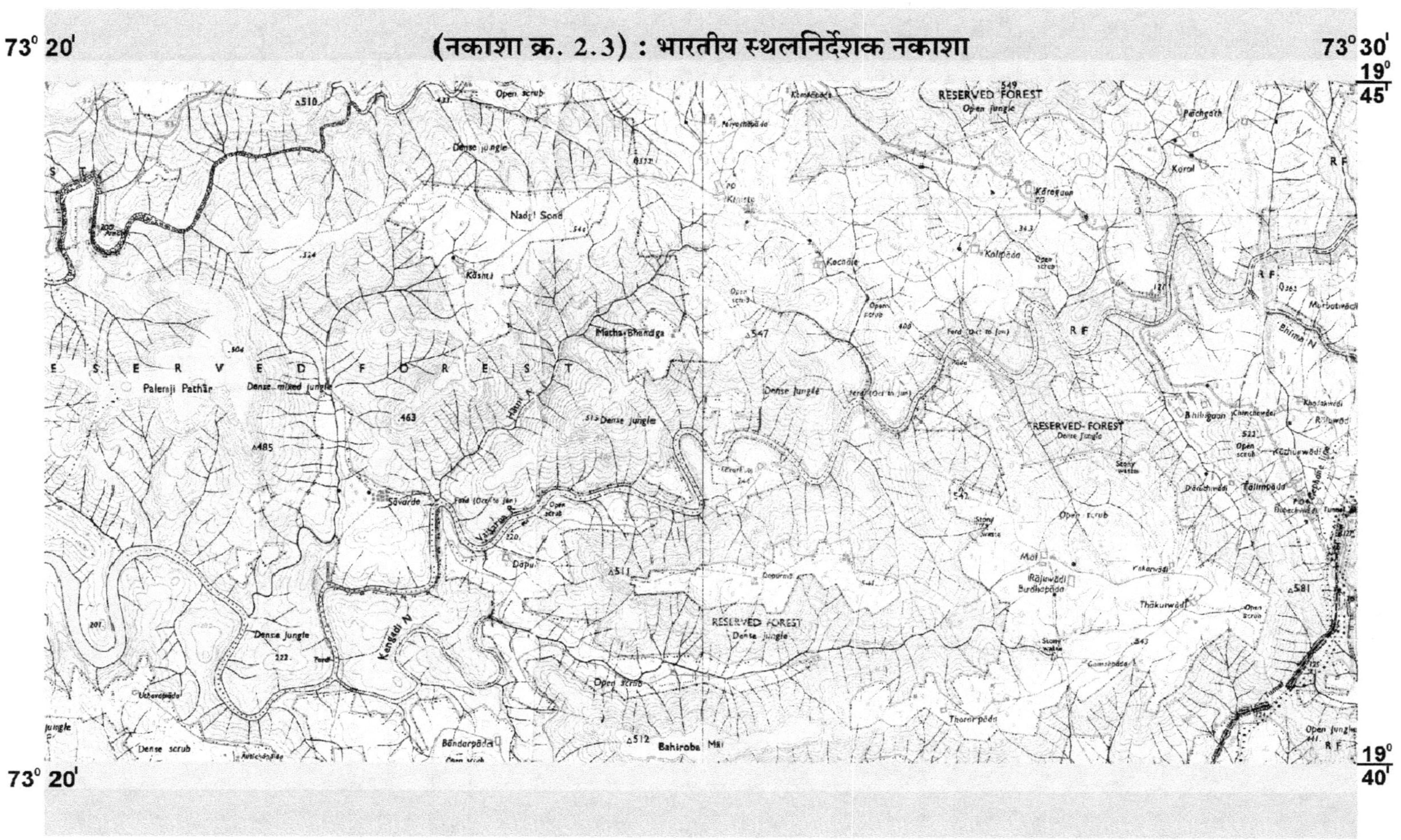

(नकाशा क्र. 2.4) : महाराष्ट्रातील स्थलनिर्देशक नकाशांचे निर्देशांक

S.O.I. SHEETS, INDEX FOR MAHARASHTRA

प्रकारची आहे.

या वस्तीत दवाखान्याची सोय आहे. येथे एक कोरडा बंधारा असून दुसरा मोठा बंधारा कायम स्वरूपी पाणी असलेला आहे. वस्तीला पाणी पुरवठा करणारी पाण्याची टाकी बांधलेली आहे. वस्तीच्या जवळपास पक्क्या विहिरी व कूपनलिका मोठ्या प्रमाणावर आढळतात. वस्तीतून जाणारा मुख्य रस्ता व वस्तीला जोडणारे अनेक कच्चे रस्तेही आढळतात. या प्रदेशातील बहुतांशी क्षेत्र हे संरक्षित जंगलाखाली असून उरलेले क्षेत्र हे शेती खाली आहे.

याच पद्धतीने नकाशा क्रमांक 2.2 व 2.3 मधील प्राकृतिक व सांस्कृतिक घटकांचे वर्णन आहे.

महाराष्ट्रातील स्थलनिर्देशक नकाशांचे वाचन करण्यासाठी संपूर्ण महाराष्ट्राकरिता कोणत्या क्रमांकाचे स्थलनिर्देशक नकाशे आवश्यक आहेत ते कळणे गरजेचे आहे. हे सर्व निर्देशांक नकाशा क्र. 2.4 मध्ये दाखवले आहेत. या नकाशावरून आपल्याला हव्या असलेल्या प्रदेशाकरिता कोणत्या निर्देशांकाचा नकाशा आवश्यक आहे ते समजेल.

हवामानस्थिती दर्शक नकाशाची ओळख व वाचन
(Introduction and Interpretation of Weather Maps)

हवामान नकाशा :

ज्या नकाशात एखाद्या मोठ्या क्षेत्रावरील निरनिराळ्या निरीक्षण केंद्रांभोवती तेथील एखाद्या विशिष्ट वेळेच्या हवामानविषयक निरीक्षणांचे आलेखन केलेले असते, त्या नकाशास 'हवामानाचा नकाशा' असे संबोधिले जाते.

हवामान कार्यालयात रोज ठराविक वेळांसाठी हवामान नकाशे तयार केले जातात. एखाद्या विशिष्ट क्षेत्राकरिता अथवा गोलार्धाकरिता अथवा संपूर्ण पृथ्वीकरिता भूपृष्ठीय निरीक्षणांचे आणि वातावरणातील निरनिराळ्या पातळ्यांवरील निरीक्षणांचा असे नकाशे तयार केले जातात. अशा प्रकारच्या एखाद्या मोठ्या क्षेत्रावरील निरीक्षण केंद्रांच्या एखाद्या विशिष्ट वेळेच्या हवामान निरीक्षणांचे आलेखन केलेल्या नकाशास निरीक्षणाधारित (एक-कालीय) हवामानाचा नकाशा असे म्हणतात. या नकाशांच्या विश्लेषणावरून नकाशाच्या वेळेस असलेली नकाशाच्या क्षेत्रावरील वातावरणाची स्थिती समजते. निरनिराळ्या वेळांच्या नकाशांचा अभ्यास करून निरनिराळ्या भागांवर वातावरणाच्या स्थितीत कसा व किती बदल होत आहे, हे कळून येते. मोठ्या हवामान कार्यालयात दिवसाच्या निरनिराळ्या वेळांचे अनेक प्रकारचे नकाशे तयार केले जातात.

हवामानाची निरीक्षणे :

निरीक्षणांचे साधारणपणे दोन प्रकार केले जातात : (1) भूपृष्ठीय निरीक्षणे व (2) उपरी वातावरणातील निरनिराळ्या पातळ्यांवरील निरीक्षणे.

(1) भूपृष्ठीय निरीक्षणे : यात हवेचा दाब, हवेचे कोरडे व ओले तापमान, हवेचे दवबिंदू तापमान, हवेचे 24 तासांतील कमाल/किमान तापमान, वाऱ्याची दिशा व गती, ढगांची एकूण व्याप्ती, निम्न/मध्यम/उच्च पातळीवरील ढगांचे प्रकार, निम्नतर पातळीवरील ढगांचे प्रमाण व त्या ढगांच्या तळपृष्ठाची उंची, हवामानाचा तत्कालीन आविष्कार, गेल्या 6 तासांत घडलेला हवामानाचा मुख्य आविष्कार व तज्जन्य वर्षण, गेल्या 24 तासांत हवेच्या दाबात झालेला बदल व हवेच्या दाबाची प्रवृत्ती इत्यादी निरीक्षण मूल्यांचा उपयोग केला जातो.

जमिनीच्या प्रदेशावरील वातावरणविज्ञानीय वेधशाळांत ही निरीक्षणे ठराविक वेळी रोज घेतली जातात. सागरी पृष्ठावर ही निरीक्षणे ठरलेल्या वेळी व्यापारी जहाजावर, तसेच काही सागरी ठिकाणांवर स्थापन केलेल्या स्थिर जहाजांवर अथवा तरंगत्या लाकडी ठोकळ्यांवर रोज घेतली जातात. ही निरीक्षणे किनाऱ्यावरील जवळच्या हवामान कार्यालयात बिनतारी संदेशाने प्राप्त होतात. सागरी पृष्ठावरून निरीक्षणे प्राप्त करून घेण्यातील अडचणी व लागणारा मोठा खर्च आणि भूपृष्ठावर असलेले सागराचे सुमारे 70% प्रमाण या कारणांमुळे सागरी पृष्ठावरील

निरीक्षणांचे प्रमाण जमिनीवरील निरीक्षणांच्या मानाने बरेच कमी आहे. जमिनीवरील मोठ्या वेधशाळा दिवसांतून आठ वेळा 0000, 0300, 0600, 0900, 1200, 1500, 1800 व 2100 ग्रिनिच माध्यवेळ (ग्रि. मा. वे.) निरीक्षणे घेतात. परंतु बाकीच्या बहुतेक वेधशाळा यांपैकी दोन वेळा (0000 अथवा 0300 आणि 1200 ग्रि. मा. वे.) निरीक्षणे घेतात. सागरावरील निरीक्षणांच्या वेळा 0000, 0600, 1200 व 1800 ग्रि. मा. वे. याप्रमाणे आहेत.

(2) उपरी वातावरणातील निरनिराळ्या पातळ्यांवरील निरीक्षणे : यांमध्ये 1000, 850, 700, 500, 300, 200 आणि 100 हेक्टोपास्काल अथवा मिलिबार या समभार पातळ्यांवरील तसेच दाबाच्या इतर मूल्यांवरील निरीक्षणांचा समावेश होतो. ही निरीक्षणे समभार पातळ्यांची उंची, या समभार पातळ्यांवरील हवेचे तापमान व दवबिंदू तापमान, वाऱ्याची दिशा व गती यांसंबंधी असतात. या निरीक्षणांच्या वेळा 0000, 0600, 1200 व 1800 ग्रि. मा. वे. याप्रमाणे आहेत. मोठ्या वेधशाळा या चार वेळा निरीक्षणे घेतात परंतु बहुतेक वेधशाळा 0000 व 1200 ग्रि. मा. वे. या दोन वेळा निरीक्षणे घेतात.

हवामान कार्यालयात पाठविले जाणारे निरीक्षण संदेश :

देशातील प्रत्येक क्षेत्रातील सर्व वेधशाळा त्या क्षेत्राच्या मुख्य केंद्रास निरीक्षणे पाठवितात. प्रत्येक मुख्य केंद्र आपल्या क्षेत्रातील सर्व निरीक्षणे इतर मुख्य केंद्रांस संदेशाद्वारे पाठविते. अशा विविध प्रकारांनी देशातील सर्व निरीक्षणे प्रत्येक हवामान कार्यालयास उपलब्ध केली जातात. प्रत्येक देशात एक केंद्र असते. या केंद्रात निरनिराळ्या देशांतील निरीक्षणे संदेश यंत्रणेने उपलब्ध होतात आणि ती देशातील निरनिराळ्या हवामान कार्यालयांना पाठविली जातात.

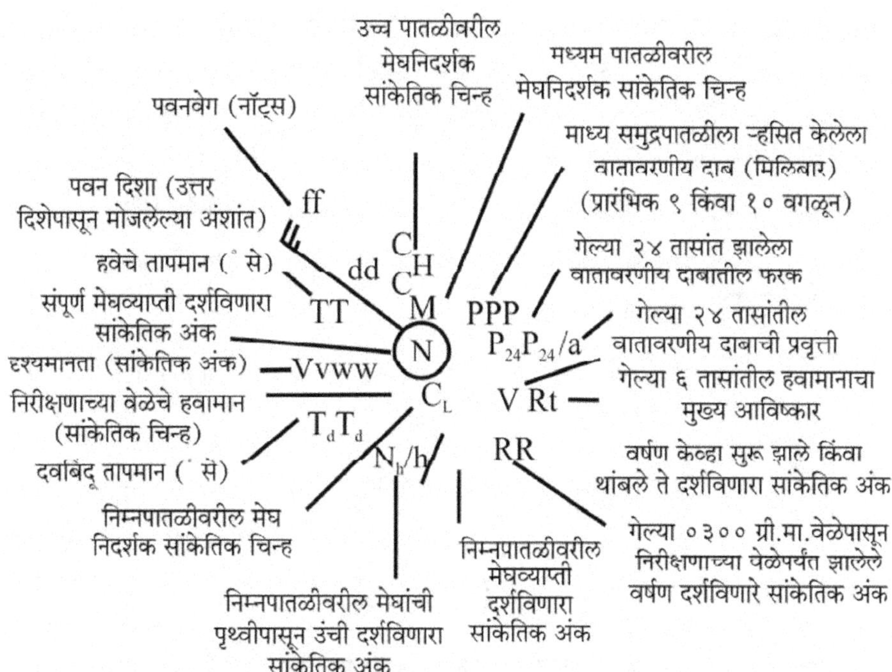

आकृती 3. 1 – वातावरण विज्ञानीय वेधशाळेने निश्चित केलेल्या अनेक विविधवातावरणीय घटकमूल्यांचे पृष्ठभागीय हवामान नकाशात संक्षिप्त सांकेतिक चिन्हांनी निरीक्षण केंद्राभोवती आलेखन करण्याची विशिष्टपद्धती.

हवामानाची घटकमूल्ये कोठे लिहायची हे इंग्रजी अक्षरांच्या साहाय्याने आकृती 3. 1 मध्ये दाखविले आहे. मेघांचे प्रकार व हवामानीय आविष्कारांचे आलेखन सांकेतिक चिन्हांद्वारे केले जाते. इतर गुणधर्मांसाठी सांकेतिक अंकच लिहिले जातात.

आणखी काही महत्त्वाची माहिती असल्यास ती वरील भूपृष्ठीय संदेशात पाच आकड्यांचे गट घालून शेवटी जोडली जाते. निरनिराळ्या समभार पातळ्यांवरील निरीक्षण संदेशात त्या पातळ्यांवरील हवेचे तापमान, हवेचे दवबिंदू तापमान, वाऱ्याची दिशा व गती आणि समभार पातळ्यांची उंची दिलेली असते.

निरीक्षण संदेशांचे नकाशावर आलेखन :

भूपृष्ठीय निरीक्षण संदेशांतील प्रत्येक हवामान घटकाच्या माहितीचे आलेखन नकाशावर त्या निरीक्षण केंद्राच्या आसपास कोठे व कसे केले जाते हे आकृती 3. 1 मध्ये दाखविले आहे. अशा प्रकारे प्रत्येक निरीक्षण केंद्राच्या हवामानाच्या घटकासंबंधीच्या माहितीचे निरीक्षण केंद्राभोवती नकाशावर आलेखन केले जाते. अशा नकाशास त्या विशिष्ट वेळेचा भूपृष्ठीय हवामान नकाशा असे संबोधिले जाते. रोज निरनिराळ्या वेळांचे भूपृष्ठीय नकाशे हवामान कार्यालयात तयार केले जातात. यांशिवाय 24 तासांत हवेच्या दाबात झालेला बदल, हवेच्या दाबाचा सरासरी दाबापासून फरक, कमाल/किमान तापमान आणि त्यांत होणारा बदल, कमाल/किमान तापमानाचा सरासरी कमाल/ किमान तापमानापासून फरक, दवबिंदू तापमानात 24 तासांत होणारा बदल आणि पाऊस यांसंबंधीचे नकाशेही हवामान कार्यालयात तयार केले जातात. वातावरणातील निरनिराळ्या समभार पातळ्यांवरील निरनिराळ्या निरीक्षण केंद्रांच्या हवामानविषयक माहितीच्या संदेशांत पातळ्यांवरील वाऱ्याची दिशा व गती यांसंबंधी माहिती असते. यांपैकी काही निरीक्षण केंद्रात रेडिओसाँड/रेविन या यंत्रणेच्या साहाय्याने निरनिराळ्या पातळ्यांवरील हवेचे तापमान व दवबिंदू तापमान, समभार पातळ्यांची उंची ही माहिती देखील ठराविक वेळी रोज प्राप्त केली जाते. त्यामुळे या निरीक्षण केंद्राच्या संदेशात ही माहिती आणि वाऱ्यासंबंधी माहिती असते. निव्वळ वाऱ्याचे मापन करणारी केंद्रे बरीच आहेत, परंतु रेडिओसाँड / रेविन यंत्रणा असलेली निरीक्षण केंद्रे त्यामानाने बरीच कमी आहेत. या माहितीचे नकाशावर केंद्राच्या आसपास कशा प्रकारे आलेखन केले जाते हे आ. 3. 2 मध्ये दाखविले आहे.

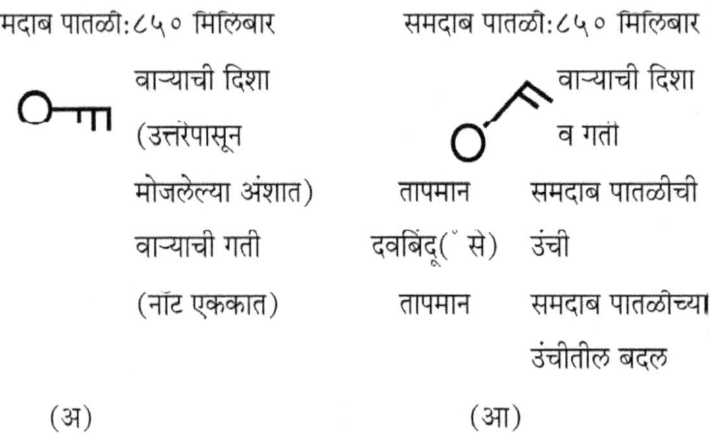

आकृती 3. 2 – वातावरणातील निरनिराळ्या समभार पातळ्यांवरील निरीक्षणांचे आलेखन :
(अ) वारा (आ) वारा, हवेचे तापमान, दवबिंदू तापमान, समभार पातळीची समुद्रसपाटी पासूनची उंची व या
उंचीत 24 तासांत होणारा बदल.

समभार रेषांचे आकृतिबंध :

नकाशांचे विश्लेषण करून महत्त्वाच्या गोष्टी नकाशावर ठळकपणे दाखविल्या जातात. सागरी पातळीवरील हवेच्या भाराचे भूपृष्ठीय नकाशावर आलेखन केलेले असते. भाराचे एक ठराविक मूल्य असलेल्या ठिकाणांतून नकाशावर काढलेल्या रेषेस त्या मूल्याची समभार रेषा असे म्हणतात. नकाशावर दोन मिलिबारच्या अंतराने समभार रेषा काढल्या जातात आणि कमी भार (ङ) व जास्त भार (क) क्षेत्रे दर्शविली जातात. समभार रेषांचा कल कोणत्या क्षेत्रांवर तीव्र आहे हे अशा विश्लेषणावरून कळते. हवेच्या दाबातील बदलाच्या नकाशावर तसेच दाबाच्या सरासरी दाबापासून फरकाच्या नकाशावर सममूल्य रेषा काढून कमी दाबाचे क्षेत्र कोठे सरकेल याचा अंदाज बांधता येतो आणि कमीदाब/उच्चदाब यांची तीव्रता कळते. (आकृती 3. 3)

आवर्त : जास्त वायुभार प्रदेशाकडून केंद्राकडे कमी वायुभार प्रदेशाकडे वारे जेव्हा चक्राकार गतीने वाहतात तेव्हा त्यास आवर्त असे म्हणतात. आवारातील वायुभाराच्या वितरणाचा आकृतिबंध वर्तुळाकृती किंवा लंब वर्तुळाकृती असतो. केंद्रभागी वायुभार मूल्य सर्वांत कमी असते, या भागास आवर्ताचा डोळा असे म्हणतात. उत्तर गोलार्धात आवर्तातील वारे घड्याळाच्या काट्याच्या विरुद्ध दिशेने तर दक्षिण गोलार्धात घड्याळाच्या काट्याच्या दिशेने वाहतात.

प्रत्यावर्त : केंद्राकडे जास्त वायुभार प्रदेशाकडून आजूबाजूच्या कमी वायुभार प्रदेशाकडे जेव्हा वारे चक्राकार गतीने वाहतात तेव्हा त्यास प्रत्यावर्त असे म्हणतात. प्रत्यावर्तातील समभार रेषांचा आकृतिबंध वर्तुळाकार समभार रेषांनी दाखविलेला असतो. आवर्तापिक्षा प्रत्यावर्त हे मंद गतीने पुढे सरकतात. उत्तर गोलार्धात प्रत्यावर्तातील वारे घड्याळाच्या काट्याच्या दिशेने तर दक्षिण गोलार्धात घड्याळाच्या काट्याच्या विरुद्ध दिशेने वाहतात.

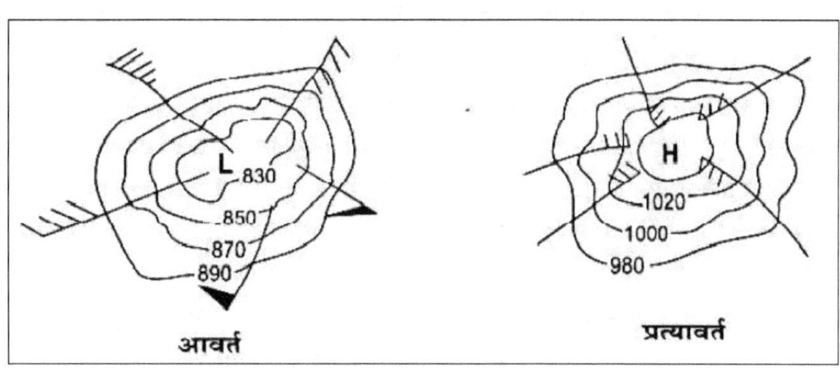

आकृती 3. 3 आवर्त आणि प्रत्यावर्त

निरनिराळ्या समभार पातळ्यांवरील नकाशांच्या विश्लेषणावरून कोणत्या भागांवर वाऱ्याचे भ्रमण अभिसारी व कोणत्या भागांवर ते अपसारी आहे हे समजते आणि त्यावरून हवेच्या ऊर्ध्वगमनीय व अधोगमनीय क्षेत्रांचा अंदाज लावता येतो. समभार नकाशांचे विश्लेषण करताना वाऱ्याच्या प्रवाहरेषा काढल्या जातात. वाऱ्याच्या तत्काल (नकाशाच्या वेळेच्या) दिशेस स्पर्श रेखीय असणाऱ्या रेषेस प्रवाहरेषा म्हणतात. समभार नकाशावर वाऱ्याची दिशा व गती, तापमान, दवबिंदू तापमान, समभार पातळीची उंची व त्यात 24 तासांत झालेला बदल ही माहिती जेव्हा आलेखित असते, तेव्हा विश्लेषण करताना समतापमान रेषा, सम-उंची रेषा, प्रवाहरेषा आणि गरज भासल्यास वाऱ्याच्या समगतिरेषा काढल्या जातात.

एका पाठोपाठ निरनिराळ्या वेळांच्या तयार केलेल्या हवामान नकाशांच्या अभ्यासावरून कोणत्या क्षेत्रावर महत्त्वाचे बदल होत आहेत, त्याचप्रमाणे न्यूनदाब व उच्चदाब क्षेत्रे कोणत्या दिशेने सरकण्याची शक्यता आहे याचा अंदाज करता येतो. एखादे चक्री वादळ निर्माण झाले असल्यास ते कोणत्या दिशेने व कोणत्या गतीने पुढे सरकेल यांसंबंधी पूर्वकल्पना देणे आणि किनारपट्टीवरील क्षेत्राला धोक्याच्या सूचना देणे शक्य झाले आहे.

हवामान नकाशाच्या विश्लेषणात संगणकाचा उपयोग :

संगणक व संगणक तंत्रज्ञान यांत 1955 सालानंतर पुष्कळ प्रगती झाली. अवाढव्य स्मरणशक्ती असलेले द्रुतगती संगणक निर्माण झाले. असंख्य निरीक्षणांचे संकलन व संस्करण संगणकांच्या साहाय्याने होऊ लागले. हवामान नकाशांचे संगणकाने विश्लेषण करण्याचे तंत्र विकसित करण्यात आले. हल्ली मोठ्या हवामान कार्यालयांत संगणकाने नकाशांचे फार कमी वेळात विश्लेषण केले जाते. त्यामुळे बरेच मनुष्यबळ वाचते. वातावरणाची प्रतिकृती व संगणक यांचा वापर करून हवामानाची संख्यात्मक पूर्वानुमाने केली जातात.

सर्व संस्कारित निरीक्षणे, विश्लेषण झालेले हवामानाचे नकाशे आणि हवामानाची पूर्वानुमाने चुंबकीय फितीवर विशिष्ट पद्धतीने मुद्रांकित करून या फिती अभिलेखागारात सुरक्षित ठेवल्या जातात. यांपैकी बरीच माहिती संगणकाच्या स्मृतिकोशात साठविली जाते आणि भावी काळात आवश्यकतेनुसार तिचा उपयोग करण्यात येतो.

कृत्रिम उपग्रहांपासून प्राप्त होणारी हवामानासंबंधी माहिती :

वातावरणविज्ञानाला 1960 पासून कृत्रिम उपग्रहांनी पाठविलेल्या छाया-चित्रांची मदत मिळू लागली आहे. त्यांच्यापासून वातावरणातील मेघ व चक्री वादळांचे स्थान यांसंबंधी माहिती प्राप्त होते. ज्या सागरी भागांतून निरीक्षणे प्राप्त होऊ शकत नाहीत अशा भागांत चक्री वादळ निर्माण झाले, तर त्यासंबंधी पटकन माहिती मिळण्यास कृत्रिम उपग्रहापासून प्राप्त झालेल्या छायाचित्रांचा फार उपयोग होतो.

भारतीय हवामानशास्त्र विभागाची स्थापना 1875 साली झाली. हा विभाग देशाची राष्ट्रीय हवामानशास्त्रीय सेवा असून हवामानाच्या घटकांची म्हणजेच पाऊस, रोजची हवेची स्थिती, रोजचे तापमान, आर्द्रता, वाऱ्याचा वेग, इत्यादी. महाराष्ट्रातील हवामानदर्शक वेधशाळा म्हणजे मुंबई कुलाबा येथील वेधशाळा, पुणे येथील सिमला कार्यालयही वेधशाळा, अशा काही वेधशाळा महाराष्ट्राच्या इतर विभागात पण आहेत. या हवामानशास्त्र विभागाची मुख्य कार्ये पुढीलप्रमाणे आहेत.

1) हवामान शास्त्रीय निरीक्षण करणे आणि सद्य व भविष्यातील हवामानशास्त्रीय माहिती पुरविणे ज्याचा उपयोग शेती सिंचन, जहाजात माल भरणे, विमानचालन इत्यादी गोष्टींसाठी होतो.

2) जीवित व वित हानी करणाऱ्या तीव्र हवामान घटक जसे वादळे, चक्रीवादळ, धुळीचे वादळ मुसळधार पाउस आणि बर्फ, थंड व उष्ण लहरी, इत्यादीबाबत सूचना व सल्ले देणे.

3) शेती, पाण्याचे व्यवस्थापन, उद्योग आणि इतर राष्ट्रीय क्रियांसाठी लागणारही हवामानशास्त्रीय आकडेवारी पुरविणे

4) हवामानशास्त्र आणि संबंधित विद्याशाखांमध्ये संशोधन करणे व त्यास प्रोत्साहन देणे.

5) विकास प्रकल्पांसाठी भूकंप शोधून देशातील विविध भागात भूकंपशीलतेचे मुल्यांकन करणे.

6) दिर्घकालीन प्रमाणीकृत हवामानशास्त्रीय नोंदी सांभाळणे

7) संशोधन आणि राष्ट्रीय निर्माण क्रियांसाठी माहिती पुरविणे

8) राष्ट्रीय आर्थिक प्रगतीसाठी दक्षिणपश्चिम मान्सूनचा अंदाज लावणे

9) शेतकऱ्यांना पिकांचे नमुने व मान्सूनला सामोरे जाण्यासाठी सल्ल देणे

10) हवामानशास्त्रीय उपकरणे स्थापित करणे व त्यांची देखभाल करणे
11) देशातील हवामान परिस्थितीचा रोजच्या रोज अंदाज लावणे.

हवामान दर्शक नकाशाची माहिती

हवामान नकाशे पृथ्वीच्या किंवा तिच्या एका भागात हवामान घटना दर्शवतात. हवामान नकाशे तापमान, पर्जन्य, सूर्यप्रकाश, ढगाळ वातावरण वाऱ्याची दिशा आणि वेग, इत्यादी हवामान घटकांशी संबंधित विशिष्ट दिवसांची परिस्थिती दर्शवतात. निश्चिम तासाला केलेली निरीक्षणे संकेतांद्वारे पूर्वानूमान केंद्रांकडे वेधशाळेला दिवसातून दोनदा प्रसारित करण्यात येतात. भारतीय समुद्रांवर येजा करणाऱ्या जहाजांवरूनही माहिती गोळा केली जाते.

अंटार्क्टिकमध्ये हवामान वेधशाळा, आंतरराष्ट्रीय भारतीय महासागर मोहीम आणि रॉकेट व हवामान उपग्रह सुरू झाल्यापासून हवामान अनुमान आणि निरीक्षणाच्या क्षेत्रात चांगली प्रगती झालेली दिसून येते आहे.

हवामान दर्शक नकाशा वाचन

'हवामान दर्शक नकाशा वाचन' करीत असताना सर्व प्रथम नकाशा कोणत्या तारखेचा किंवा नकाशा कोणत्या वर्षाचा आहे ते पहाणे, नकाशाचा महिना लक्षात घेता नकाशातील सर्वसाधारण हवामानाचा अंदाज आपणांस येतो. या नकाशाच्या तारखेच्या बाजूस IDWR (Indian Daily Weather Report) भारतीय दैनंदिन हवेची स्थिती दर्शक नकाशे असा याचा अर्थ होतो. सदरच्या नकाशात विविध प्रदेशातील तापमान दर्शविलेले असते. हे तापमान समताप रेषांनी जोडलेले असते म्हणून या रेषांना 'समताप रेषा' असे म्हटले जाते. या समताप रेषेवरून कमी आणि जास्त तापमानाचे प्रदेश ओळखले जातात. तसेच समान तापमान असणाऱ्या सर्व स्थळांचा अभ्यास करणे सोपे जाते.

हवामान दर्शक नकाशाद्वारे ढगांची असणारी स्थिती एक छोट्या वर्तूळाच्या सहाय्याने दर्शविली जाते. या वर्तूळात पूर्ण, अर्ध, अशा प्रकारच्या विविध छटा असतात. यावरून कोणत्या प्रदेशात परिस्थिती ढगाळ आहे किंवा पाऊस पडण्याची शक्यता आहे हे ओळखले जाते. ज्या ठिकाणी आकाश कोरडे असते अशा ठिकाणी पावसाची शक्यता नसते. सदर नकाशात जून महिन्यात येणाऱ्या पावसाच्या आगमानाची परिस्थतीपण दर्शविली जाते जीला NLM (North Limit of Mansoon) असे म्हणतात, जी पर्जन्याची परिस्थिती विविध महिन्यात विविध प्रकारची असते.

हवामान चिन्हे

चिन्हे हवामानाच्या विविध घटकांचे चित्रात्मक प्रतिनिधित्व आहेत. हवामानाच्या नकाशावर, हवामान घटक प्रतीके वापरून दर्शविले जातात. जागतिक हवामान संस्थेद्वारे आणि नैसर्गिक हवामान ब्युरोद्वारे हवामान चिन्हे तयार आणि प्रमाणित केली जातात. हवामान नकाशाचे स्पष्टीकरण आणि हवामानाचा अंदाज लावण्यासाठी हवामान चिन्हांचे ज्ञान महत्त्वाचे आहे. वर्षाव, वाऱ्याची दिशा, ढगांचे आवरण आणि समुद्राची स्थिती यासाठी हवामान चिन्हे वापरली जातात. (आकृती 3. 4)

वाऱ्याचा दर ताशी वेग :	5 नॉटस्	10 नॉटस्	50 नॉटस्

पर्जन्य सेमीमध्ये	⎯ = 0.25 ते 0.74 सेमी ⌐ = 0.75 ते 1.49 सेमी

आकाशातील ढगांचे प्रमाण			हवेची स्थिती			
1/8 ढगाळलेले आकाश ◐	3/4 ढगाळलेले आकाश ◕	धूसर हवा ∞	वाऱ्याचा जोरदार झोत ∨	पाऊस ●
1/4 ढगाळलेले आकाश ◔	7/8 ढगाळलेले आकाश ◑	बावटळ	वाळूचे किंवा धुळीचे वादळ ⟳	हिमवर्षा ✳
1/2 ढगाळलेले आकाश ◑	संपूर्ण ढगाळलेले आकाश ●	धुके =	हिमवृष्टी ✚	पावसाच्या सरी ▽
5/8 ढगाळलेले आकाश ◓	अंधूक आकाश ⊗	विरळ धुके ⸺	बिजा चमकणे <	झिमझिम पाऊस ’
उंच ढगांनी आच्छादलेले आकाश	मध्यम किंवा कमी उंचीच्या ढगांनी आच्छादलेले आकाश	दाट धुके ≡	वादळ R	गारांची वृष्टी △

समुद्राची स्थिती					
लाटांची दिशा W	शांत समुद्र Cm	साधारण Sm	थोडासा बदल Sl	मध्यम स्थिती Mod
खवळलेला समुद्र Ro	अतिजास्त खवळलेला समुद्र V.Ro		उंच लाटांनी वेष्टिलेला समुद्र Hi
अतिउंच लाटांनी वेष्टिलेला समुद्र V.Ri		अत्यंत विलक्षण बदल झालेला समुद्र Ph

आकृती 3. 4

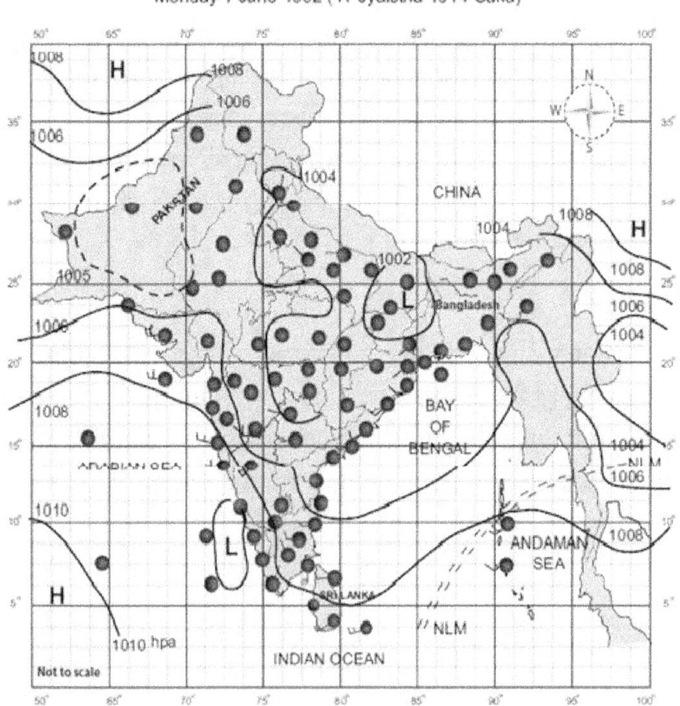

INDIAN DAILY WEATHER REPORT

WEATHER MAP AT 08.30 HRS .I.S.T. (0300 HRS. G.M.T)

Monday 1 June 1992 (11 Jyaistha 1914 Saka)

हवामान नकाशा वाचन – मान्सून
हंगाम (आकृती 3. 5)

प्रस्तावना : दिलेल्या भारतीय दैनंदिन हवामान स्थिती दर्शक नकाशा सोमवार दिनांक 1 जून 1992 ची भारतीय प्रमाण वेळेनुसार सकाळी 8. 30 वाजता नोंदवलेली हवेची स्थिती दर्शविते. सदर नकाशा नैऋत्य मोसमी हवामानाचा म्हणजेच पावसाळा ऋतुमधील आहे.

वायु भाराचे वितरण : प्रस्तुत नकाशातील वायुभार रेषांवरून हवेचा भार 1002 मिली बार ते 1010 मिली बार पर्यंत आढळतो. सर्वात कमी वायुभार (1002 मिली बार) पश्चिम बंगाल व बिहारमध्ये केंद्रित झालेला आढळतो, सर्वात जास्त वायुभार (1010 मिली बार) हा अरबी समुद्राच्या नैऋत्य भागात आढळतो.

कमी भाराचे प्रदेश : या नकाशामध्ये चार कमी दाबाची क्षेत्रे आढळून येतात. बिहार आणि पश्चिम बंगाल, वायव्य पाकिस्तान, आसाम व भारताचा पूर्वेकडील भाग आणि लक्षद्वीप बेटांच्या वर हवेचा कमी भार आढळतो.

जास्त भाराचे प्रदेश : अरबी समुद्राच्या नैऋत्य भागांमध्ये 1010 मिली बार तर अफगाणिस्तानमध्ये 1008 मिली बार इतका वायुभार आढळतो.

वायु भाराचा कल : प्रस्तुत नकाशामध्ये भारताच्या पश्चिम किनाऱ्यावर वायू भाराचा कल तीव्र आढळून येतो.

वाऱ्याची दिशा : भारताच्या एकदम दक्षिणेकडील प्रदेशात वारा पश्चिमेकडून पूर्वेकडे वाहतो. भारताच्या दख्खनच्या पठारावर वारा हा वायव्य दिशेकडून अग्नेयकडे वाहतो. बहुतेक ठिकाणी वाऱ्याचा वेग हा 5 नॉट ते 15 नॉट च्या दरम्यान आहे. वाऱ्याचा वेग हा तुलनेने उत्तरेकडील प्रदेशापेक्षा दक्षिणेकडील प्रदेशांमध्ये जास्त आढळतो.

मेघाच्छादन : भारताच्या उत्तर आणि वायव्य भागात आकाश स्वच्छ दिसून येते. पूर्व किनारपट्टीवरील राज्ये अंशतः ढगाळ आहेत आणि दक्षिणेकडील राज्ये अत्यंत ढगाळ किंवा मेघाच्छादित वातावरण दर्शवितात.

समुद्र स्थिती : मान्सूनची उत्तर सीमा अंदमान समुद्रावर दिसून येते.

पाऊस : आसाममध्ये कमी भाराची परिस्थिती निर्माण झाल्याने आसाम आणि मेघालयामध्ये पर्जन्य वृष्टी आहे. कर्नाटकाच्या दक्षिण भागात तसेच केरळ व लक्षद्वीप बेटांवरही पाऊस आहे.

प्रकरण 4

जी. आय. एस. तंत्राची ओळख व उपयोजग आणि दूर संवेदन तंत्र
(Introduction and Application of G.I.S. and Remote Sensing Techniques)

अ) जी.आय.एस. तंत्राची ओळख (Introduction to GIS)

'जी.आय.एस. म्हणजेच भौगोलिक माहिती प्रणाली' हे तंत्रज्ञान 1961 सालापासूनच जगभरात उपयोगात येत आहे. या तंत्राची विलक्षण क्षमता व वाढते उपयोजन यांमुळे त्याची पाळेमुळे आता खूप घट्ट रुजली आहेत आणि या तंत्राला खूप प्रतिष्ठाही प्राप्त झाली आहे. भरपूर मोठ्या प्रमाणावरील सांख्यिकीचे व्यवस्थापन व विश्लेषण करणारे प्रगत शास्त्र म्हणून त्याची वैज्ञानिक जगात गणना होऊ लागली आहे.

गेल्या दशकातील संगणक शास्त्रातील प्रगती, अंकीय नमुन्यात (Digital Format) उपलब्ध होणाऱ्या सांख्यिकीतील वाढ, सांख्यिकीचे संग्रहण (Collection), दूरसंवेदन व सर्वेक्षण या जी.आय.एस. शी संबंधित तंत्रांचा विकास, सांख्यिकी व्यवस्थापन तंत्रातील (Database Management) प्रगती, यांमुळे जी.आय.एस. तंत्रज्ञानाचा लक्षणीय विकास झाला आहे.

येत्या काही वर्षांत या तंत्रज्ञानात याहीपेक्षा अधिक प्रगती होण्याची चिन्हे आहेत. जगभरात चाललेले विविध प्रयोग याच गोष्टीचे निदर्शक आहेत.

भौगोलिक माहितीप्रणाली (जिओग्रफिक इन्फर्मेशन सिस्टिम - जी.आय.एस.) हे सध्याच्या संगणक व दूर संवेदन युगातील एक अतिप्रगत असे तंत्रज्ञान आहे. या तंत्राचा वापर आजकाल जगभर फार मोठ्या प्रमाणावर परिसर नियोजन, व्यवस्थापन व परिसर अभियांत्रिकी यांसारख्या क्षेत्रांत केला जात आहे. जवळजवळ प्रत्येक देशालाच भेडसावणाऱ्या या समस्यांना समर्पक उत्तरे देण्याची विलक्षण ताकद जी.आय.एस. तंत्रज्ञानात असल्यामुळे त्याचा वापरही सर्वत्र वाढतो आहे.

या तंत्रज्ञानाचे अनेकविध पैलू आहेत. पृथ्वी पृष्ठावरील विविध पर्यावरणीय आणि परिस्थितिकीय प्रक्रियांचे मापन करणे तसे फार जिकिरीचे काम आहे. भूपृष्ठीय, वातावरणीय आणि जैविक घडामोडीतील क्लिष्टपणा हे त्याचे एक प्रमुख कारण! कोणत्याही प्रदेशाचा सर्वांगीण विकास करण्याकरिता या प्रक्रियांसंबंधीची विस्तृत सांख्यिकी असणे आवश्यक असते. ही सांख्यिकी अवकाश-विस्तारित अशी मिळवणे हा यातला महत्त्वाचा भाग असतो. म्हणजेच ही माहिती भूसंदर्भित सांख्यिकी या स्वरूपाची असते; यामुळे या प्रणालीला 'भौगोलिक प्रणाली' असे म्हटले आहे.

या भूसंदर्भित माहितीचे एकत्रीकरण करणे, तिचा संचय करणे, पृथक्करण करणे आणि त्यावरून त्या प्रदेशातील

परिस्थितीचे प्रारूप तयार करणे - या सर्व गोष्टींचा समावेश जी.आय.एस. या तंत्रात होतो. त्याचबरोबर आणखी एका गोष्टीमुळे या तंत्रज्ञानाची उपयुक्तता वाढते; ती म्हणजे या तंत्रात अभिप्रेत असलेले विविध घटकांचे अध्यारोपण. एकापेक्षा अनेक घटनांचे निर्देशक असे घटक सांख्यिकीच्या स्वरूपात एकत्र करून त्यांचे अध्यारोपण केल्यास जे अंतिम चित्र मिळते, ते त्या प्रदेशाचे खरेखुरे किंवा बरेचसे हुबेहूब चित्र असते; त्यामुळे अशा प्रतिमांचा वापर त्या प्रदेशाच्या व्यवस्थापनासाठी, तेथील समस्या आणि अडचणी ओळखण्यासाठी करता येतो. याच कारणामुळे आपत्ती व्यवस्थापन करण्याकरताही हेच तंत्र अधिक योग्य असल्याचे दिसून आलेले आहे.

भारतासारख्या 'शेतीप्रधान' देशाला तर या तंत्रज्ञानाचा खूपच मोठा फायदा आहे. भारतीय उपग्रह मालिकांमुळे उपलब्ध होणाऱ्या उपग्रह प्रतिमांचा याकरिता वापर करता येतो. या प्रतिमांवरून भौगोलिक माहिती प्रणालीच्या साहाय्याने भूजल संचय, भूमिउपयोजन, मृदूशक्ती, समस्याग्रस्त देश, विपत्तिजनक विभाग यांसारख्या घटकांचे अचूक मूल्यमापन करता येते. खेडेगावाच्या पातळीवर किंवा त्याहीपेक्षा लहान अशा शेतजमीन तुकड्याच्या पातळीवरही हे नियोजन करता येते. जी.आय.एस. तंत्रात जमिनीचा कस, जमिनीतील आर्द्रता, जमिनीचा उतार, पिके व पिकांचे वितरण, मृदेची जाडी या व अशा अनेक घटकांच्या संदर्भात सांख्यिकी गोळा केली जाते व ती अध्यारोपित केली जाते.

जी.आय.एस. तंत्रज्ञानामुळे एखाद्या प्रदेशाच्या पर्यावरणीय समस्यांच्या निराकरणाकरिता करावा लागणारा खर्च व मेहनत यांत खूपच बचत करणे शक्य झाले आहे. पारंपरिक पद्धतीपेक्षा यात नेमकेपणा आणि अचूकपणाही अधिक आहे. पारंपरिक पद्धतीमध्ये प्रदेशाबद्दलची सांख्यिकी अपूर्ण व चुकीची असण्याची शक्यता जास्त असते; त्यामुळे समस्यांचे आकलन होत नाही. काही वेळा चुकीच्या निष्कर्षांमुळे बरेच घोटाळेही होतात. सर्वेक्षणाच्या कोणत्या पद्धतीचा वापर करून माहिती गोळा केली जाते, त्यावर पारंपरिक पद्धतीची विश्वासार्हता अवलंबून असते. जी.आय.एस. तंत्रामुळे निदानातील विश्वासार्हता नक्कीच वाढलेली आहे.

जी.आय.एस. तंत्रज्ञानात दूर संवेदन व संगणकाचा सिंहाचा वाटा आहे. या तंत्रज्ञानात एकत्रित केलेल्या प्रचंड सांख्यिकीचे पृथक्करण केवळ संगणकामार्फतच शक्य आहे. गेल्या पंधरा-वीस वर्षांत जी.आय.एस.चा वापर वाढण्याचे कारण 'संगणक तंत्रज्ञानाचा विकास' हेच आहे. वास्तविक पाहता जी.आय.एस.चा सर्वप्रथम वापर 1960 मध्ये कॅनडामध्ये जमिनीच्या मूल्यमापनासंबंधीच्या एका प्रकल्पात केला गेल्याचा उल्लेख आढळतो. या प्रकल्पांतर्गत मृदूशक्ती, भूमिउपयोजन व प्रथम दर्जाची शेतीयोग्य जमीन या तीन घटकांचे अध्यारोपण करण्याचा प्रयत्न केला गेला होता. याचवेळी अमेरिकेतही लोकसंख्येचे वितरण, रोजगार वितरण, संपर्क साधनांच्या मार्गांचे वितरण व दुकानांचे वितरण यांच्या सांख्यिकीच्या अध्यारोपणाचा प्रयत्न केला गेल्याचे दिसते. आज या तंत्रज्ञानाचे जाळे साऱ्या जगभर पसरले आहे आणि सर्वत्र याचा अतिशय परिणामकारक उपयोग होत असल्याचे दिसत आहे. अर्थातच, ज्या समस्येमध्ये सांख्यिकी अवकाश-वितरीत स्वरूपात उपलब्ध होते, तेथेच केवळ या तंत्राचा वापर करणे शक्य होते, हे उघड आहे.

आज जी.आय.एस. संदर्भात अनेक संगणक प्रणाली, प्रतिमाने व समाकलन प्रणाली उपलब्ध आहेत. त्यांचा वापरही प्रदूषणाची तीव्रता, नदीखोरे नियोजन, पूर व भूमिपातासारख्या विपत्ती यांच्या अभ्यासात अधिक परिणामकारकपणे केला जात आहे.

एकाचवेळी अनेक घटकांचे पृथक्करण करण्याची ताकद हे या तंत्राचे महत्त्वाचे अंग आहे. भूमिपात किंवा दरड कोसळणे या विपत्ती व्यवस्थापनात जी.आय.एस. पद्धतीत वापरल्या जाणाऱ्या घटकांची नुसती यादी पाहिली,

तरी या तंत्राचा आवाका लक्षात येईल. डोंगरउतारांचे प्रमाण, तलप्रस्तर, मृदा प्रकार, उतारांची उंची, मृदेची जाडी, भूजल पातळी, भूमिउपयोजन, वृष्टीचे प्रमाण, उताराचा प्रकार, जमिनीतील भेगा, जोड व संधी, मृदेची वाहकता, लवचिकता इत्यादी अनेक घटक एकाचवेळी अध्यारोपित करून या समस्येचे आकलन करून घेतले जाते व नंतरच व्यवस्थापनाची दिशा ठरविली जाते.

या सर्व प्रकारांत सांख्यिकीतील अपूर्णत्व व सलगतेचा अभाव हा महत्त्वाचा अडथळा असतो; त्यामुळे विविध प्रकारच्या माहितींचे समाकलन करणे अवघड होते. यासाठी जागतिक स्तरावर सर्वमान्य अशा पद्धतींचा वापर सांख्यिकीच्या एकत्रीकरणात होणे आवश्यक आहे. त्याचबरोबर जागतिक सांख्यिकी माहितीचे आदानप्रदान होणेही गरजेचे आहे.

येत्या काही वर्षांत जी.आय.एस. तंत्रज्ञानात याहीपेक्षा अधिक प्रगती होण्याची शक्यता नाकारता येत नाही आणि आपल्या परिसराची आणि पर्यावरणाची प्रत व दर्जा सुधारण्याची जी.आय.एस. तंत्रज्ञानाची ताकद पाहता ही गोष्ट अशक्य नक्कीच नाही!

जी.आय.एस. : व्याख्या व स्वरूप

भौगोलिक माहिती प्रणालीची व्याख्या अनेकांनी अनेक प्रकारे केलेली आहे. व्याख्येतील ही विविधता, व्याख्या कोणी केली आहे आणि कशासाठी केली आहे, यावर मुख्यत: अवलंबून असल्याचे मत पिकल्स (Pickles, 1995) यांनी व्यक्त केले आहे. जी.आय.एस. चे तंत्रज्ञान व त्याचे उपयोजन जसे झपाट्याने बदलत गेले तसतशी व्याख्याही बदलत गेल्याचे दिसते. भविष्यात ती आणखीनच बदलेल असे तज्ज्ञांना वाटते.

ऱ्हींड (Rhind 1989) यांच्या व्याख्येनुसार, ''पृथ्वीवरील विविध ठिकाणांच्या माहितीचे वर्णन करणाऱ्या सांख्यिकीची साठवण करणारी व त्या सांख्यिकीचे उपयोजन करणारी जी.आय.एस. ही संगणक प्रणाली आहे.'' बरो (Burrough 1986) यांच्या म्हणण्याप्रमाणे, ''काही विशिष्ट उद्दिष्टे व हेतूंच्या पूर्ततेसाठी, एखाद्या भौगोलिक प्रदेशासंबंधी अवकाशीय (Spatial) माहितीचे संकलन (Collection), साठवण (Storage), इच्छेनुसार पुनर्प्राप्तीकरण (Retrieval at will), रूपांतरण (Transformation) आणि प्रदर्शन (Display) करणाऱ्या साधनांचा संच (Set of Tools) म्हणजे जी.आय.एस.'' ब्रिटिश पर्यावरण खात्यानुसार (1987), 'भूसंदर्भित अवकाशिक सांख्यिकी मिळवणे, साठवणे, तपासणे, तिचे समाकलन करणे (Integration), कुशलतेने हाताळणी करणे, पृथक्करण करणे, (Manipulation) व विश्लेषणाची मांडणी व प्रदर्शन करणे अशा बहुविध प्रक्रिया करणारी प्रणाली म्हणजे जी.आय.एस..'

विविध प्रकारच्या व्याख्यांचे सार, वरील तीन प्रातिनिधिक व्याख्यांत मांडता येते. त्यातून जी.आय.एस. यंत्रणेची प्रमुख तीन वैशिष्ट्ये लक्षात येतात. मुख्य गोष्ट म्हणजे जी.आय.एस. ही संगणक प्रणाली आहे. यात संगणक, मुद्रक (Printer) व आरेखक (Plotter) याचबरोबर संगणक वाचू शकेल व विश्लेषण करू शकेल अशा प्रणाली (Programmes) यांचा समावेश होतो. दुसरी गोष्ट म्हणजे जी.आय.एस. प्रामुख्याने अवकाश संदर्भित (Spatially Georeferenced) म्हणजेच भौगोलिक सांख्यिकी वापरते. तिसरी गोष्ट माहितीचे विश्लेषण व पृथक्करण करते.

उच्च दर्जाच्या जी.आय.एस. प्रणालीकडून पुढील गोष्टींची पूर्तता व्हावी अशी अपेक्षा असते.

1) विस्तृत प्रमाणावर किंवा मोठ्या प्रमाणावरील सांख्यिकीसाठी जलद अभिगम. (Quick access)

2) विशिष्ट विषय (Theme) किंवा प्रदेशाच्या संदर्भात सूक्ष्म असे पर्याय निवडण्याची क्षमता.

3) सांख्यिकीचा एक गट दुसऱ्या गटाशी जोडण्याची किंवा एकमेकांत मिसळण्याची क्षमता.

4) प्रदेशातील विशिष्ट गोष्टी किंवा ठळक गुणधर्म शोधण्याची क्षमता.

5) सांख्यिकी जलद, अद्ययावत (Update) करण्याची क्षमता.

6) सांख्यिकीचे प्रतिमान (Model) करण्याची किंवा त्यासाठी विकल्प (Alternative) देण्याची क्षमता.

7) विश्लेषणाच्या व पृथक्करणाच्या अखेरीस मिळालेल्या उत्तरांचे नकाशे, आलेख, संक्षिप्त सांख्यिकीमध्ये (Summary Statistics) निर्देशन करण्याची क्षमता.

जी.आय.एस. मुळे अवकाशिक सांख्यिकीचे मूल्य वाढते. उपलब्ध सांख्यिकीचे परिणामकारक संघटन (Organization) आणि विविध सांख्यिकी गटांचे समाकलन (Integration) यांमुळे नवीन स्वरूपातील सांख्यिकी तयार करणे, जी.आय.एस. मुळे शक्य होते. याचा उपयोग निर्णय प्रक्रियेत अचूकता आणण्यासाठी खूपच चांगल्या प्रकारे होतो. एका अर्थाने जी.आय.एस. ही अवकाशिक निर्णय प्रक्रियेचा (Spatial Decision Support) मूलाधारच आहे, असे म्हणावयास हरकत नाही.

जी.आय.एस. हे विविध विद्याशाखांतील संकल्पना व विचार यांचा अभ्यास करून तयार केलेले तंत्र आहे. भौगोलिक माहितीचे विज्ञान हे नकाशाशास्त्र, संगणकशास्त्र, अभियांत्रिकी, पर्यावरणशास्त्र, जिओडसी. भूदृश्य स्थापत्य (Landscape Architecture) हवाई छायाचित्र मापनशास्त्र (Photogrammetry), दूरसंवेदन, संख्याशास्त्र व सर्वेक्षण ह्या सर्व विद्याशाखांवर अवलंबून आहे. गुडचाईल्ड (1997) यांच्या म्हणण्यानुसार, जी. आय. एस. तंत्रज्ञानात असलेले मुख्य विचार व संकल्पना पुढीलप्रमाणे आहेत-

1) भौगोलिक माहिती म्हणजे पृथ्वीवरील विविध ठिकाणांची अवकाशीय माहिती.

2) माहिती तंत्रात जागतिक स्थान निश्चिती (GPS), दूरसंवेदन व भौगोलिक माहितीचा समावेश असतो.

3) जी.आय.एस. तंत्रज्ञान अशा माहितीवर आधारित असते.

4) यातून होणाऱ्या विश्लेषणाची व उपयोजनांची विविध क्षेत्रांत असलेली उपयुक्तता मोठी आहे.

5) जी.आय.एस.ची सर्वंकष अभिव्यक्ती किंवा प्रकटीकरण (Manifestation).

जी.आय.एस.चे घटक

जी.आय.एस. च्या व्याख्येबद्दल अनेक प्रवाद आहेत; तसे ते त्याच्या घटकांबद्दलही आहेत. सर्वसाधारणपणे जी.आय.एस. ही संगणकीय संहिता / कार्यवाही पद्धती (Hardware Software) असून तिचे मुख्य घटक म्हणजे या पद्धतीच्या कार्यवाहीसाठी वापरण्यात येणारी विविध साधने होत. या पद्धतीची कार्यवाही, सांख्यिकीच्या नोंदी (Data Entry), हाताळणी (Manipulation), विश्लेषण व परिणाम (Out Put) या टप्प्यांत केली जाते. यासाठी वापरण्यात येणारी साधने म्हणजे संगणक संहती (Hardware) ज्यात हार्डवेअर म्हणजे संगणक व त्याच्याशी निगडित मुद्रक, आरेखक यांसारखी साधने असतात. सॉफ्टवेअरमध्ये (संहिता) अवकाशिक माहिती, तिचे व्यवस्थापन व विश्लेषण करण्याच्या सूचना पद्धती आणि या सर्वांचा उपयोग करणाऱ्या, कार्यवाही करणाऱ्या व्यक्ती यांचा समावेश होतो.

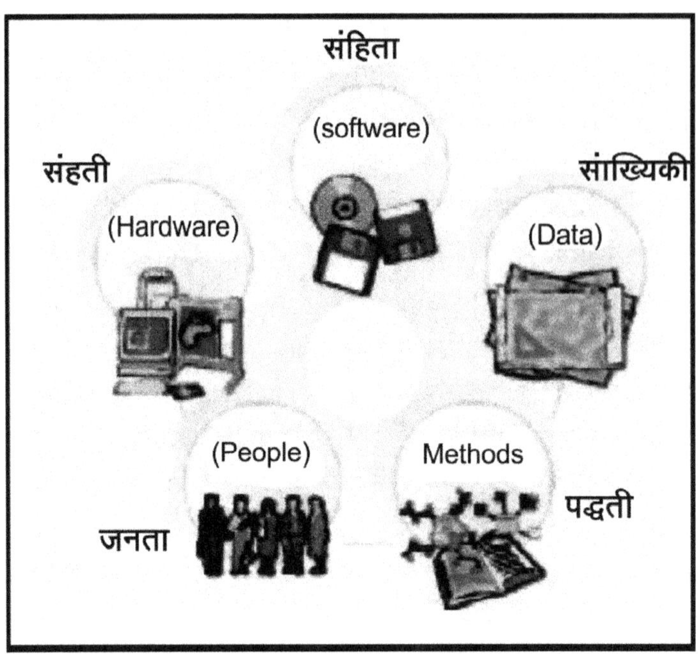

आकृती ४.१ : जी. आय. एस. चे घटक Components

साध्या वैयक्तिक संगणकापासून महासंगणकापर्यंत सर्वच प्रकारच्या संगणकांवर व विविध तन्हेच्या सॉफ्टवेअर परिभाषांत जी.आय.एस. कार्यान्वित करता येते. बरो (1986) यांच्या मतानुसार, कोणत्याही जी.आय.एस. संहितेच्या परिणामकारक उपयोगासाठी पुढील गोष्टींची गरज असते-

1) पुरेशा क्षमतेचे सॉफ्टवेअर कार्यान्वित करू शकणारे संगणक संयंत्र. (Processor)

2) मोठ्या प्रमाणावर माहितीचा साठा करून ठेवण्याची स्मरणक्षमता (Memory).

3) उच्च दर्जाचा, उच्च नियोजन क्षमतेचा (High Resolution) रंगीत, सुस्पष्ट, रेखाचित्रीय प्रदर्शक (Screen)

4) सांख्यिकीच्या नोंदींचे आदानप्रदान (Input-Output) करू शकणारे इतर संहती घटक. अंकीय नोंदक (Digitiser), समक्षिक (Scanner), अंक व अक्षरपट्टी (Key Board) मुद्रक व आरेखक (Printer) याचबरोबर संगणक संहितेत (Software) पुढील गोष्टी आवश्यक असतात-

1) नोंदींच्या आदानप्रदानाचा सूचना व्यवस्था संच.

2) नोंदींचे व्यवस्थापन (Management), रूपांतरण (Transformation).

3) पृथक्करण, विश्लेषण व प्रदर्शन करू शकणारे सूचना संच वर वर्णन केलेल्या संगणक संहती (Computer Hardware) व जी.आय.एस. संहितेबरोबरच (GIS Software) पुढील घटकांचाही समावेश जी.आय.एस. मध्ये केला जातो.

1) अवकाशिक किंवा अवकाशीय सांख्यिकी (Spatial Data), उपलब्ध जी.आय.एस. संहिता मुख्यत: अवकाशिक सांख्यिकी म्हणजे भौगोलिक माहितीचे व्यवस्थापन करण्यासाठीच तयार केलेल्या आहेत. प्रदेशांचे भौगोलिक स्थान, त्यांचे इतर स्थानाशी असलेले संबंध किंवा जोड आणि स्थानाशी निगडित

गुणविशेष (Attributes) अशा तऱ्हेच्या सांख्यिकीचा वापर जी.आय.एस. मध्ये प्रामुख्याने केला जातो; त्यामुळे अशा सांख्यिकीची उपलब्धता हा या यंत्रणेचा मुख्य घटक आहे.

2) विशिष्ट प्रश्नसंचाच्या साहाय्याने (Querries) केलेले सांख्यिकेचे विश्लेषण व त्याचे प्रदर्शक स्वरूप (Screen Format).

जी.आय.एस.तंत्राचा वापर करू इच्छिणाऱ्यांसाठी हा घटक जास्त महत्त्वाचा असतो. बहुतांशी जी.आय.एस. विश्लेषणाचे प्रदर्शक स्वरूप हे नकाशा स्वरूपातच असते.

3) जी.आय.एस. तंत्राशी व त्याच्या उपयोजनाशी निगडित असलेले विद्यार्थी, तंत्रज्ञ इत्यादी.

जी.आय.एस. ही एककेंद्री यंत्रणा नाही. एखाद्या प्रकल्पाचा आराखडा करणारे, त्यासाठी जी.आय.एस. यंत्रणा राबविणारे आणि निर्णय प्रक्रियेत सहभागी होणारे सर्वच तंत्रज्ञ जी.आय.एस. चे महत्त्वपूर्ण घटक आहेत. एखाद्या लहानशा संशोधन निबंधापासून आंतरराष्ट्रीय सहकार्याने चालणाऱ्या देशी प्रकल्पापर्यंत कार्यान्वित होणाऱ्या जी.आय.एस. योजनेतील तंत्रज्ञ या तंत्राचे घटक असतात.

ब) अवकाशिक सांख्यिकी (Spatial Data)

पृथ्वीच्या पृष्ठभागातील एखाद्या विशिष्ट प्रदेशाची सर्व वैशिष्ट्ये जशीच्या तशी, तपशिलाने संगणकाद्वारे चित्रित करणे कठीण असते. जी.आय.एस. द्वारे यातील काही वैशिष्ट्यांचे किंवा घटकांचे संगणकाद्वारे प्रातिनिधिक स्वरूपात चित्रण करता येते. जी.आय.एस. च्या आधारे काही विशिष्ट घटकांपुरती सांख्यिकी वापरून त्यापासून साधा, सरळ, माहितीपूर्ण नकाशा मिळवता येतो. पृथ्वीच्या काही भागाच्या अशा तऱ्हेने केलेल्या सहज दृश्यास (Simplified View) प्रतिमान (Model) म्हटले जाते. मूळ प्रदेशात असलेली अवकाशिक क्लिष्टता (Spatial Complexity) आकलन करण्यास कठीण असते. मात्र, जी.आय.एस. (GIS) तंत्र वापरून मिळवलेले प्रतिमान, मूळ दृश्याचा आदर्श नमुना असतो आणि तो आकलन करण्यास अधिक सोपा असतो.

यासाठी जी सांख्यिकी आवश्यक असते, ती अर्थातच अवकाशिक स्वरूपाची असणे गरजेचे असते. ही सांख्यिकी स्थान विशिष्ट (Site Specific) असते. यात पुढील प्रकारच्या माहितीचा समावेश केला जातो-

1) भौगोलिक संदर्भासाठी त्या ठिकाणाचे अक्षांश व रेखांश.
2) त्या ठिकाणची आजूबाजूच्या ठिकाणांशी असलेली जोडणी (Connectivity) व जोड (Link).
3) स्थानाशी निगडित इतर गुणविशेष (Attribute) जे अवकाशिक स्वरूपाचे नसतात असे.

कोणत्याही अवकाशिक सांख्यिकीचा अवकाशिक संदर्भ फार महत्त्वाचा असतो आणि त्याचा विचार कोणत्याही जी.आय.एस. संहितेचा वापर करण्यापूर्वी करावाच लागतो. अपुऱ्या संदर्भामुळे किंवा चुकीच्या संदर्भांमुळे त्या जी.आय.एस.चा वापर करण्यावर मर्यादा पडू शकतात.

अवकाशिक सांख्यिकीने व्याप्त असलेली भौगोलिक जागा दाखविण्याची पारंपरिक पद्धत म्हणजे विशिष्ट अशा थरांची (Thematic Layers) श्रेणी, पारंपरिक नकाशे हे त्याचे उत्तम उदाहरण आहे. हे नकाशे म्हणजे भूरचना, उंची, वनक्षेत्रे, वस्त्या, रस्ते इत्यादी विविध विषय विशिष्ट थरांचे एकत्रीकरणच असते. अवकाशव्याप्ति दाखविण्यासाठी संगणकावर याच संकल्पनेचा आधार घेतलेला आहे. मात्र, पारंपरिक विषय विशिष्ट थरांपेक्षा इथे अनेकविध नावीन्यपूर्ण थरांचा विचार केलेला असतो. उदाहरणार्थ, एखाद्या शहरात घर कुठे घ्यावे याचा निर्णय घ्यायचा असेल तर जी.आय.एस. संहितेत जागांच्या किमती, दळण-वळणाच्या सुविधा, बांधकामाचा दर्जा,

सुविधांची उपलब्धता, यांसारख्या अनेकविध विषयांसंदर्भात सांख्यिकेचे थर एकमेकांवर प्रत्यारोपित करून (Superimpose) निर्णय घेतला जातो. यास स्तर-आधारित पद्धती (Layer Based Approch) म्हटले जाते. संगणकासमोर अवकाशाचे निर्देशन करण्याचा दुसरा एक पर्याय आहे; तो म्हणजे अवकाश हे अनेक भिन्न भिन्न घटकांचा (Objects) समूह आहे अशी कल्पना करून, त्यातील मोकळ्या जागांसह स्तर म्हणून त्या घटकाचा विचार करणे. (Goodchild 1995).

उदाहरणार्थ, विजेचे खांब, पोस्टाच्या पेट्या इत्यादी. यातील प्रत्येक गोष्टीचा, त्याच्या नेमक्या स्थानाचा व आजूबाजूच्या मोकळ्या जागेचा स्वतंत्रपणे विचार केला जातो. यास घटक-आधारिक पद्धती (Object Based Approach) असे म्हटले जाते.

वर सांगितलेल्या दोन्ही पद्धतींत माहितीचे सांख्यिकीकरण करण्यासाठी सर्व घटकांचे मुख्य तीन प्रकारच्या रचनाखंडांत (Building Blocks) वर्गीकरण केले जाते. हे रचनाखंड म्हणजे बिंदू (Points), रेषा (Lines) आणि क्षेत्र (Areas). उदाहरणार्थ, वस्त्या, रुग्णालये, सिनेमागृहे, विश्रांतिगृहे, विहिरी हे घटक बिंदूंनी, नद्या, कालवे, रस्ते, रेषांनी तर शेत जमिनी, वाहनतळ, अभयारण्ये त्यांनी व्यापलेल्या क्षेत्रांनी दाखविता येतात.

या तीनही रचनाखंडांचा उपयोग करून समतल पृष्ठे (Surfaces) तयार करता येतात. उदाहरणार्थ - स्थल उच्चांक (Spot Heights) या बिंदूंचा वापर करून किंवा समोच्चरेषा (Contour) याचा वापर करून समतल पृष्ट निर्माण करता येते. बिंदू व रेषांच्या एकत्रीकरणाने जाळीदर्शन प्रतिमान (Network Model) मिळवता येते.

एखाद्या प्रदेशातील विविध घटकांचे रचनाखंडात चित्रण करण्यासाठी जी.आय.एस. तंत्र, जाळी प्रतिमान (Raster Model) व सदिश प्रतिमान (Vector Model) या पद्धतींचा वापर करते. दूर संवेदन तंत्राने मिळविलेली अवकाशिक माहिती ही जाळी प्रतिमान पद्धतीनेच प्राप्त करून घेतली असल्यामुळे या सांख्यिकीच्या पृथक्करणासाठी जी.आय.एस. संहिता जाळी पद्धतीचा (Raster) वापर करते. एखाद्या सलग भौगोलिक घटनेसाठी या पद्धतीचा वापर नेहमीच उपयुक्त ठरतो.

रस्ते व नद्या, सीमा रेषा यांसारख्या गोष्टी मात्र सदिश पद्धतीने दाखविल्या जातात.

जी.आय.एस. तंत्राला अभिप्रेत असलेली सांख्यिकी (Data) आणि माहिती (Information) यांतील फरक अधिक स्पष्ट असतो. सांख्यिकी म्हणजे निव्वळ आकडेवारी असते. ही आकडेवारी कशासंबंधी आहे, कोणत्या मोजमाप पद्धतीचा वापर करून ती मिळविली आहे, यासारखी माहिती जेव्हा सांख्यिकीस जोडली जाते, तेव्हा सांख्यिकी अर्थपूर्ण होते. अशा अर्थपूर्ण सांख्यिकीला माहिती (Information) असे म्हटले जाते.

सांख्यिकी अनेक ठिकाणांहून, विविध पद्धतींनी मिळवली जाते; त्यानुसार याचे दोन प्रकार केले जातात. प्राथमिक (Primary) व दुय्यम (Secondary). प्राथमिक स्वरूपाची सांख्यिकी ही स्वत: मिळविलेली, स्वत: मोजमापे करून किंवा गणना करून मिळविलेली असते तर दुय्यम सांख्यिकी ही दुसऱ्या व्यक्तीने मिळविलेली किंवा आधीच प्रसिद्ध झालेली असते. यात प्रकाशित झालेले नकाशे, जनगणनेचे अहवाल, हवामानविषयक नोंदी यांसारख्या सांख्यिकींचा समावेश होतो. या दोन्ही प्रकारच्या सांख्यिकी तीन मितींमध्ये (Dimensions) उपलब्ध होतात. या तीन मिती म्हणजे- (1) काळ निगडित (Temporal) (2) विषय विशिष्ट (Thematic) (3) अवकाशिक (Spatial). 18 ऑगस्ट 1998 रोजी उत्तर प्रदेशातील पिठौरगड इथे विध्वंसक भूमिपात (Land slide) झाला. या संबंधीची जी माहिती मिळाली ती प्राथमिक व दुय्यम या दोन्ही प्रकारची होती. या घटनेच्या सांख्यिकीला 3 आयाम किंवा मिती आहेत.

1) काळ - 18 ऑगस्ट 1998

2) विषय विशिष्ट - भूमिपात

3) अवकाशिक - उत्तर प्रदेशातील पिठौरगड

जी.आय.एस. संहितेमध्ये, 'विषय विशिष्ट सांख्यिकी' ही त्या घटनेचे गुणधर्म सांगणारी अ-अवकाशिक (Non-Spatial) म्हणजे गुणविशेष सांगणारी माहिती असते. अवकाशिक माहितीमध्ये त्या ठिकाणांच्या नेमक्या भौगोलिक स्थानाला महत्त्व असते आणि हे स्थान सर्वांनाच समजावे या दृष्टीने त्याचा जाळी संदर्भ (Grid Referenced) किंवा अक्षांश-रेखांश संदर्भ आवश्यक असतो. या सगळ्याचा अर्थ असा की, जी.आय.एस. ला अभिप्रेत असलेली सांख्यिकी ही काळवेळेशी निगडित, विषय विशिष्ट व भूसंदर्भित (Geo-Referenced) असावी.

जी.आय.एस.मध्ये या अवकाशिक घटकाला फार मोठे महत्त्व आहे. अवकाशमितीमुळे (Spatial Dimension) सांख्यिकीचे माहितीत केले जाणारे रूपांतरण हे भौगोलिक क्रिया-प्रक्रियांचे नेमके वर्णन करावयास उपयुक्त ठरते.

अवकाशिक संदर्भ पद्धती : पृथ्वीवरील किंवा नकाशावरील कोणतीही वैशिष्ट्ये किंवा घटना संदर्भबिंदूंनी ओळखण्यासाठी संदर्भपद्धती वापरावी लागते. कोणत्याही संदर्भपद्धतीने पुढील गोष्टींची पूर्तता करणे गरजेचे असते.

1) पद्धतीचे स्थैर्य (Stability)

2) बिंदू, रेषा व क्षेत्र दाखविण्याची क्षमता (Ability to Show Point, Line, Area)

3) लांबी, क्षेत्रफळ आणि आकार मोजण्याची क्षमता (Ability to Measure, Length, Area, Shape)

अवकाशीय संदर्भ मापनाच्या प्रमुख तीन पद्धतींमध्ये पुढील पद्धतींचा समावेश होतो.

1) भौगोलिक सहअक्षप्रणाली (Geographic Co-ordinate System)

2) विना सहअक्षप्रणाली (Non-Co-ordinate System)

पृथ्वीवरील कोणत्याही स्थानाचे अक्षांश व रेखांश ही त्याच्या संदर्भाची सर्वांत योग्य पद्धत आहे. हीच भौगोलिक 'सहअक्ष प्रणाली' होय. पृथ्वीवरील कोणत्याही ठिकाणाचे भौगोलिक स्थान अंश, मिनिटे व सेकंदात व्यक्त केलेल्या अक्षांश व रेखांशात अचूकपणे सांगता येते. सारख्या रेखांशाचे रेखावृत्त व सारख्या अक्षांशाचे अक्षवृत्त ही भूपृष्ठावर कल्पिलेली अनुक्रमे अर्धवर्तुळे व वर्तुळे आहेत. रेखावृत्ते एका ध्रुवापासून दुसऱ्या ध्रुवापर्यंत अर्धवर्तुळाकृती आकारात कल्पिलेली असतात. इंग्लंडमधील ग्रीनविचच्या रॉयल ऑब्झर्व्हेटरीवरून जाणारे रेखावृत्त हे मध्यवर्ती रेखावृत्त मानले जाते. यास मुख्य रेखावृत्त (Prime Meridian) म्हटले जाते. दोन जवळजवळच्या रेखावृत्तांत, विषुववृत्तीय प्रदेशात सर्वांत जास्त अंतर असते. अक्षवृत्ते ही रेखावृत्तांना काटकोनात छेदतात. सर्वांत मोठ्या परिघाच्या अक्षवृत्ताला विषुववृत्त म्हटले जाते.

भौगोलिक संदर्भ पद्धती या गृहीतावर आधारित आहे की, पृथ्वी हा एक आदर्श घनगोल (Perfect Sphere) आहे. वास्तवात, पृथ्वी ध्रुवांपाशी थोडी चपटी व विषुववृत्तापाशी फुगीर आहे. शिवाय पृथ्वीचा पृष्ठभाग पर्वत, मैदाने, समुद्रतळ यांनी ओबडधोबड व असमान बनलेला आहे; त्यामुळे एखाद्या लहान प्रदेशाच्या नकाशाच्या संदर्भात, स्थानिक सुधारणा करूनच संदर्भ द्यावा लागतो. यासाठी जी.आय.एस. तंत्रात, त्रिकोणिजाळी संदर्भ पद्धती (Triangular Mesh Referencing) वापरली जाते. यात अक्षवृत्ते रेखावृत्तांची सारख्याच आकाराच्या त्रिकोणांनी अदलाबदल (Replacement) केलेली असते. प्रत्येक त्रिकोण सारख्याच आकाराचा व क्षेत्रफळाचा असतो. त्रिकोण जाळी लवचीक (Flexible) स्वरूपाची असल्यामुळे, स्थानिक उंच-सखलपणामुळे येणारी त्रुटी सुधारून संदर्भ देता येतो.

आजकाल सर्वच नकाशावर, अक्षवृत्ते ही संदर्भजाळीत (Reference Grid) रूपांतरित करून व्यक्त केली जातात. यास 'आयताकृती सहअक्षप्रणाली' म्हटले जाते. सर्व प्रकारच्या आयताकृती प्रणालींमध्ये त्या त्या प्रदेशांसाठी विवक्षित संदर्भजातीचा वापर करता येतो. याचे उत्तम उदाहरण म्हणजे युनिव्हर्सल ट्रान्सवर्स मर्केटर (UTM) समतल संदर्भ प्रणाली (Plane Grid System) यात ट्रान्सवर्स मर्केटर प्रक्षेपणाचा वापर केलेला असतो. या पद्धतीप्रमाणे पृथ्वीपृष्ठाची 60 उभ्या विभागात विभागणी केलेली असते. प्रत्येक विभाग 6 अंश रेखावृत्तीय विस्ताराचा असून ध्रुवीय प्रदेशाचा त्यात समावेश केलेला नाही.

'विनासहअक्ष' प्रणालीत संदर्भासाठी सहअक्षाचा (Co-Ordinates) वापर न करता वर्णनात्मक सांकेतिक भाषा वापरलेली असते. 'पोस्टल कोड नंबर' हे त्याचे उत्तम उदाहरण आहे. काही पोस्टल कोड हे पूर्णपणे अंकरूपात (Numeric) तर काही आद्याक्षर-अंक (Alpha Numeric) स्वरूपात असतात. जसे, पीन कोड नंबर हे पूर्णपणे अंकरूपात आहेत. या पद्धतीने स्थान निर्देशन तर होतेच पण पुरेशी गोपनीयताही (Secrecy) राहू शकते.

प्रत्येक अवकाशिक संदर्भ पद्धतीचे काही तोटे असतातच. 'विनासहअक्ष' पद्धतीत संदर्भ वारंवार अद्ययावत करावे लागतात किंवा भौगोलिक संदर्भ देताना नकाशा प्रक्षेपणाचाही विचार करावा लागतो. इतरही काही अडचणी येतात. त्या अशा-

1) काही अवकाशिक गोष्टी स्थिर नसतात. वाहने, प्राणी, माणसे किंवा नदीतील गाळाचे संचयन प्रदेश, प्रदूषित ठिकाणे, ही कालपरत्वे त्यांचे स्थान बदलत असतात; त्यामुळे त्यांच्या स्थानाचा संदर्भ तेवढ्यापुरताच किंवा अल्पकालीन असतो.

2) काही अवकाशिक घटनांत बदल होतात. नद्यांचे मार्ग बदलतात. रस्त्यांचे पुनर्स्थानीकरण (Relocation) होते. योजना क्षेत्रांचे पुनर्निश्चितीकरण (Redefinition) होते; या वेळी संदर्भ बदलतात.

3) एकच गोष्ट नकाशा प्रमाणानुसार कमी-जास्त क्षेत्रव्यापी होते, तेव्हाही संदर्भात बदल करावा लागतो. देशाच्या नकाशात शहरे बिंदू म्हणून दाखविलेले असताना त्यांचा संदर्भ बिंदूंचा असेल पण शहरांच्या नकाशात, त्यांचा संदर्भ बहुभुजाकृतीचा असेल.

जी.आय.एस. विश्लेषकाला विविध ठिकाणांहून, विविध पद्धतींनी संदर्भित केलेल्या सांख्यिकीचे समाकलन करायचे असेल तर खूपच अडचणी येतात. उच्च प्रतीच्या जी.आय.एस. संहितेमध्ये या समाकलनाचीही सोय आता उपलब्ध असते.

अवकाशिक सांख्यिकीचे विषय विशिष्ट गुणधर्म

बिंदू, रेषा व क्षेत्रदर्शक, घटकांच्या वर्णनासाठी जी माहिती पुरवली जाते त्यास त्या सांख्यिकीचे गुणविशेष (Attributes) म्हटले जाते. उदाहरणार्थ, सांख्यिकीतील बिंदूंनी हॉटेल्स या विषयाचे निर्देशन केलेले असेल, तर प्रत्येक बिंदूसाठी म्हणजे वेगवेगळ्या हॉटेलसाठी तेथील सुविधा, सुखसोई, मुख्य उद्योग क्षेत्रापासून अंतर इत्यादी माहिती पुरवली जाते. गाव हा विशिष्ट विषय बहुभुजाकृतीने दाखवला असेल तर प्रत्येक गावाची लोकसंख्या, तेथील उपलब्ध सोई, शेतजमिनींचे प्रमाण, विहिरींची संख्या इत्यादी माहिती गुणविशेष म्हणून पुरविली जाते. पुरविलेल्या गुणविशेषांच्या स्वरूपावर कोणत्याही जी.आय.एस. संहितेची उपयुक्तता अवलंबून असते किंवा संहितेची उपयुक्तता ठरविणे हे एका अर्थाने सांख्यिकीच्या गुणविशेषांवरच ठरते.

ही सांख्यिकी मोजमापाचे कोणते परिमाण वापरून मिळविलेली आहे, ते जास्त महत्त्वाचे असते.

साधारणपणे पुढील चार प्रकार, मोजमापाची परिमाणे (Scales of Measurement) म्हणून वापरली जातात.

1) नामदर्शक प्रमाण (Nominal scale)

2) क्रमदर्शक प्रमाण (Ordinal scale)

3) आंतरदर्शक प्रमाण (Interval scale)

4) गुणोत्तर प्रमाण (Ratio scale)

पहिल्या प्रकारात मोजमाप हे केवळ नामदर्शक स्वरूपातच असते. गणिती अर्थाने या आकड्यांची बेरीज अर्थपूर्ण नसते. टेलिफोन क्रमांक हे याचे उदाहरण आहे. विविध टेलिफोन क्रमांकांची बेरीज, वजाबाकी, भागाकार याला काही अर्थ नसतो. 1 किंवा 0 अशी रचनाही याच प्रकारात मोडते.

दुसऱ्या प्रकारात, गुणविशेषांची श्रेणी दिलेली असते. आकड्यांची क्रमवारी लक्षात घेऊन चढत्या किंवा उतरत्या क्रमाने, सांख्यिकीस श्रेणी देता येते. इथेही गणिती प्रक्रिया अर्थपूर्ण ठरत नाहीत.

तिसऱ्या प्रकारात दोन संख्यांतील फरक महत्त्वाचा असतो. उदा. तापमान दर्शविताना असे म्हणता येते की दोन तापमान नोंदींतील फरक 10 अंश सेल्सिअस आहे.

चौथ्या प्रकारात दोन अंकांचे गुणोत्तर लक्षात घेतलेले असते; त्यामुळे एकापेक्षा दुसरा किती पटीने मोठा किंवा लहान आहे याची कल्पना येते.

जी.आय.एस. संहितेत वापरलेली आकडेवारी ही बरेच वेळा पहिल्या दोन प्रकारची म्हणजे 'नामदर्शक' व 'क्रमदर्शक' असते. कोणत्याही जी.आय.एस. वापरकर्त्याला (User) सांख्यिकी कोणती पद्धती वापरून मिळवलेली आहे, हे माहिती असणे आवश्यक असते. संगणक प्रणालीच्या दृष्टीने सर्व संख्या सारख्याच असतात व त्यांना एकाच पद्धतीने हाताळले जाते; त्यामुळे जी.आय.एस. वापरणाऱ्यास माहिती नसेल, तर संगणक शहरांच्या श्रेणींची बेरीज करून जास्त श्रेणीची शहरे दाखविण्यासारखी गल्लत करू शकेल. दोन वेगळे मृदा प्रकार 2 व 3 या अंकांनी दाखविले असतील तर संगणक दोन अंकांचा गुणाकार करून अर्थहीन असा अंक देऊ शकेल. गुणोत्तर प्रमाण व वर्गांतर प्रमाणात अशा तऱ्हेची चूक अर्थातच संभवत नाही.

अवकाशिक सांख्यिकीचे इतर स्रोत

सर्व तऱ्हेचे नकाशे आणि विशेषत: स्थल निर्देशक नकाशे यापेक्षा अन्य स्रोतांच्या साहाय्यानेही अवकाशिक सांख्यिकी प्राप्त करून घेता येते. यात जनगणना व सर्वेक्षण सांख्यिकी, हवाई छायाचित्रे, उपग्रह प्रतिमा व जागतिक स्थाननिश्चिती (Global Positioning System) यंत्रणा यांचा प्रामुख्याने समावेश होतो.

जनगणना व सर्वेक्षण सांख्यिकी   लोकसंख्येची सांख्यिकी व तदनुषंगिक माहिती, रोजगारासंबंधी सांख्यिकी, शेती किंवा बाजारासंबंधी माहिती, या प्रकारात सांख्यिकीला अवकाशिक संदर्भ असेल तर तो सांख्यिकीचा व माहितीचा एक उत्तम स्रोत होऊ शकतो.

विविध प्रशासकीय विभागांसाठी, वॉर्ड्स, गावे, जिल्हे, देश, प्रदेश अशा विविध अवकाशिक पातळ्यांवर ही सांख्यिकी गोळी केली जाते. विविध डाक विभाग (Postal Areas) आणि निवडणूक विभाग (Electoral Area) यांचाही यात समावेश होतो.

हवाई छायाचित्रे : हवाई छायाचित्रण हे पृथ्वीच्या पृष्ठभागाच्या प्रत्यक्ष संपर्कात न येता, दुरून केलेले त्याचे चित्रण असते. छायाचित्र घेतले जाते त्या वेळचे त्या प्रदेशाचे ते चित्र असते. या चित्रात त्या प्रदेशाबद्दलची भरपूर माहिती चित्रित झालेली असते. नकाशावरून मिळवलेल्या सांख्यिकीसाठी पूरक अशी अचूक सांख्यिकी हवाई छायाचित्रणातून उपलब्ध होते. जी माहिती नकाशावर मिळणे कठीण असते अशी भूमिउपयोजन, वनस्पतींचे प्रकार, मृदेची बाष्प धारण पातळी किंवा उष्णतेची पातळी, यांसारख्या घटनांची वर्णपटलीय माहिती (Spectral)

नकाशाच्या जोडीने वापरता येते. वेगवेगळ्या वेळी घेतलेल्या हवाई छायाचित्रावरून प्रदेशातील घटकात होणारे बदलही अभ्यासता येतात. खननकर्म (Mining), पूरप्रवृत्ती (Flooding) भूस्खलन (Land Sliding) यांसारख्या घटनांची स्थल-कालाशी निगडित अशी भरपूर सांख्यिकी गोळा करता येते.

जी.आय.एस. तंत्रात, सांख्यिकीचा उत्तम स्रोत म्हणून हवाई छायाचित्रांचा उपयोग होण्यामागे, पुढील वैशिष्ट्ये कारणीभूत आहेत-

1) हवाई छायाचित्रांची भरपूर उपलब्धता.
2) इतर दूर संवेदन प्रतिमांपेक्षा तुलनेने कमी किंमत.
3) विस्तृत प्रदेशांचे चित्रण.
4) नेमक्या काळासाठी चित्रणाची उपलब्धता.
5) उच्च प्रतीचे अवकाशिक व वर्णपटलीय नियोजन.
6) त्रिमित आकलन.

जी माहिती दुय्यम स्रोतातूनही मिळणे अवघड जाते अशी (जंगलातील आगीचा विस्तार, नवीन बांधकामानी व्यापलेल्या प्रदेशांची सीमा) हवाई छायाचित्रातून अचूकपणे मिळू शकते. या छायाचित्रांचा महत्त्वाचा दोष म्हणजे यावर अवकाशिक भूसंदर्भ (Spatial Georeference) मिळू शकत नाही. नकाशाच्या साहाय्याने तो शोधून छायाचित्रांना जोडावा (Attach) लागतो.

विविध प्रमाणांवर घेतलेली तिरकी (Oblique) किंवा अनुलंब (Vertical) हवाई छायाचित्रे, प्रदेशांचे सर्व बारकाव्यांसह चित्रण देत असल्यामुळे जी.आय.एस.मध्ये त्यांची उपयुक्तता अनन्यसाधारण अशीच आहे.

उपग्रह प्रतिमा : उपग्रहातील संवेदकामार्फत (Sensor), घेतलेली प्रतिमा, पृथ्वीकडे विद्युतसंकेतामार्फत (Electronic Signal) पाठवल्यावर संगणकाच्या साहाय्याने त्यावर प्रक्रिया करून त्यापासून उपग्रह प्रतिमा मिळवली जाते.

ही सांख्यिकी स्वरूपातील प्रतिमा, विविध पद्धर्तींनी समजून घेतली जाते. (Interpreted), सहजपणे लक्षात न येणारे अनेक बारकावे या प्रतिमांतून सहजपणे समजतात. शेतजमिनीतील आर्द्रतेच्या प्रमाणात दिसणारे फरक, नागरी वस्त्यांतील घरांच्या छतातून उत्सर्जित होणारी उष्णता, तळी, सरोवरे, खाड्या यांतील अवसादांची पसरण (Sediment Dispersal) यासारख्या अनेकविध गोष्टी उपग्रह प्रतिमांतून ओळखता येतात.

संगणकावरील या समीक्षित (Scaned) प्रतिमा म्हणजे चित्रघटकांची (Pixel, Picture Elements) साठवण किंवा संग्रहच असतो. प्रत्येक चित्रघटक, संवेदकाने प्राप्त केलेल्या पृथ्वीवरून परावर्तित झालेल्या सौरप्रारणाचे प्रमाण दाखवतो. चित्रघटकाचा आकार, प्रतिमेच्या वियोजनाचीही कल्पना देतो. चित्रघटकाचा आकार जेवढा लहान तेवढे वियोजन जास्त असते. लँडसॅट हा उपग्रह 30 मीटर x 30 मीटर एवढ्या चित्रघटकात सांख्यिकी गोळा करतो.

दूर संवेदन तंत्राने मिळविलेल्या सांख्यिकीचे आधुनिक रूप म्हणजे LIDAR (Light Detection And Ranging). जमिनीवरील उंचसखल भागांच्या उंचीबद्दलची सांख्यिकी मिळविण्याकरिता विमानात बसविलेल्या लेसरचा यात उपयोग केला जातो. केवळ 15 सेमी इतक्या अचूकतेने हे चित्रण केले जाते. प्रत्येक मोजमापास जागतिक स्थाननिश्चिती यंत्रणेचा (GPS) वापर करून भूसंदर्भ दिला जातो. सविस्तर आणि उच्च प्रतीच्या सांख्यिक उंची प्रतिमानाच्या (Digital Elevation Model) निर्मितीसाठी LIDAR चा खूपच चांगला उपयोग होऊ शकतो.

दूर संवेदनाने मिळालेली माहिती ही अंक स्वरूपात (Digital Format) असल्यामुळे जी.आय.एस. साठी जास्त उपयुक्त असते. शिवाय या स्वरूपातील सांख्यिकीचे संगणकासाठी सहज रूपांतरण होऊ शकते. अर्थात, यासाठी काही प्रक्रियाही कराव्या लागतात. उदाहरणार्थ, अपरिमित सांख्यिकी व्यवस्थापन करता येईल इतकी कमी करणे, वियोजन जुळवून घेणे, प्रक्षेपण बदलणे किंवा चित्रघटकांचा आकार बदलणे.

वेगवेगळ्या तरंगलांबी प्रदेशात (Wave Length Bands), प्रतिमेचे वाचन करता येणे हा आणखी एक महत्त्वाचा फायदा दूरसंवेदन प्रतिमानात असतो. खूप उंचावरून संवेदकाने प्रदेशाचे संवेदन केले असल्यामुळे विस्तृत प्रदेशाची प्रतिमा मिळते व त्यामुळे प्रादेशिक (Regional) पातळीवरील भूवैशिष्ट्यांसंबंधी (उदा. पर्वतीय प्रदेश, मैदानी प्रदेश, भूगर्भशास्त्रीय पृष्ठभाग, प्रस्तरभंग विभाग) सांख्यिकी गोळा करता येते.

जागतिक स्थाननिश्चिती यंत्रणा (Global Positioning System : GPS)

जेव्हा नकाशा, हवाई छायाचित्र किंवा उपग्रह प्रतिमा यांसारख्या माध्यमातून आवश्यक असलेली माहिती किंवा सांख्यिकी मिळू शकत नाही, तेव्हा पारंपरिक सर्वेक्षणाने ही त्रुटी भरून काढली जाते. यात प्लेन टेबल, थिओडोलाइट, लेव्हल, यांसारख्या उपकरणांचा वापर केला जातो.

याचे आधुनिक व प्रगत रूप म्हणजे GPS. याच्या वापराने कोणत्याही ठिकाणाची स्थाननिश्चिती व त्याच्या उंचीचे मापन अचूकपणे व जलद होऊ शकते. ही सांख्यिकी नंतर गुणविशेष स्वरूपातही (Attributes) जी.आय.एस. संहितेत जोडली जाऊ शकते.

अशा तऱ्हेने, यथार्थ भौगोलिक प्रदेशातील क्लिष्टता समजून घेण्यासाठी विविध प्रकारची अवकाशिक सांख्यिकी अनेकविध पद्धतींचा वापर करून मिळवली जाते. या सांख्यिकीचा परिणामकारक वापर जी.आय.एस. संहितेमार्फत करून विविध क्रिया प्रक्रिया व घटकांचे उपयुक्त विश्लेषण केले जाते.

अभिक्षेत्रीय सांख्यिकीचे व्यवस्थापन (Management of Spatial Data)

मनुष्याच्या डोळ्यांना भूप्रदेशातील विविध गोष्टींचे आकार व आकृत्या लक्षात येतात; पण संगणकाला ठरावीक आकार व आकृत्या ओळखण्याच्या, त्यांची हाताळणी करण्याच्या व प्रदर्शन करण्याच्या सूचना द्याव्या लागतात.

सर्वप्रथम, ज्या घटना संगणकीय प्रतिकृतीत समाविष्ट करायच्या असतील त्या ओळखून किंवा निश्चित करून, त्या कशा दाखवायच्या ते ठरवावे लागते. ही सर्व प्रक्रिया एका उदाहरणासह समजून घेणे जास्त योग्य ठरेल.

बिंदू, रेषा व क्षेत्र या मूलभूत (Basic) रचनाखंडांच्या साहाय्याने वस्त्यांचे, रस्त्यांचे, शेतजमीन, नदीपात्र, जंगलक्षेत्र, नद्या-उपनद्या यांचे निर्देशन करणे आवश्यक असते. याचबरोबर पायवाटांचे जाळे, नद्याउपनद्यांचे जाळे यांचाही विचार करावा लागतो. जी.आय.एस. संहितेचा वापर करताना यथार्थ प्रदेशाचे, प्रातिनिधिक प्रतिमान (Model) करणे आवश्यक असते. संगणकावर जाळी (Raster) व सदिश (Vector) प्रतिकृती स्वरूपात ही प्रक्रिया केली जाते. त्यानुसार, यथार्थ प्रदेशाची दोन प्रतिमाने किंवा दृश्ये (Views) मिळतात.

1) **जाळी प्रतिमान (Raster Model) किंवा जाळी प्रतिकृती किंवा जाळी दृश्य (Raster View) :** या प्रतिमानात मूलभूत रचनाखंड म्हणजे प्रत्येक जाळी चौकोन (Grid Cell) असतो. अशा अनेक जाळी चौकोनांच्या साहाय्याने, त्यांच्या गटांनी (Groups) एखाद्या घटनेचा किंवा भूप्रदेशाचा आकार तयार केला जातो. यात जाळी चौकोनाचा आकार (Size) फार महत्त्वाचा असतो. लहान आकाराच्या जाळी चौकोनांनी, यथार्थतेच्या जवळ येणाऱ्या प्रतिकृती तयार होतात.

2) **सदिश प्रतिकृती किंवा सदिश दृश्य (Vector Model / Vector View) :** या प्रतिमानात द्विमित किंवा द्विआयामी (Two Dimensional) सहअक्ष पद्धतीचा वापर करून, मूळ प्रदेशाचा आकार तयार केला जातो. या प्रतिमानात बिंदू हा मूलभूत रचना खंड मानला जातो. बिंदू जोडून रेषा करणे सहज शक्य असते. बिंदूपासून रेषा व रेषांच्या जोडणीने बहुभुजाकृती अशा पद्धतीने भूपृष्ठावरील बहुविध घटना अचूकपणे

निर्देशित करता येतात. आकृती जेवढी क्लिष्ट तेवढी ती दाखविण्यासाठी लागणाऱ्या रेषाखंडांची संख्याही जास्त. एखादा आकार दाखविण्यासाठी नेमके किती बिंदू वापरावेत व किती रेषाखंड तयार करावेत हे ठरविणे हाच या प्रक्रियेतला गोंधळात टाकणारा भाग असतो.

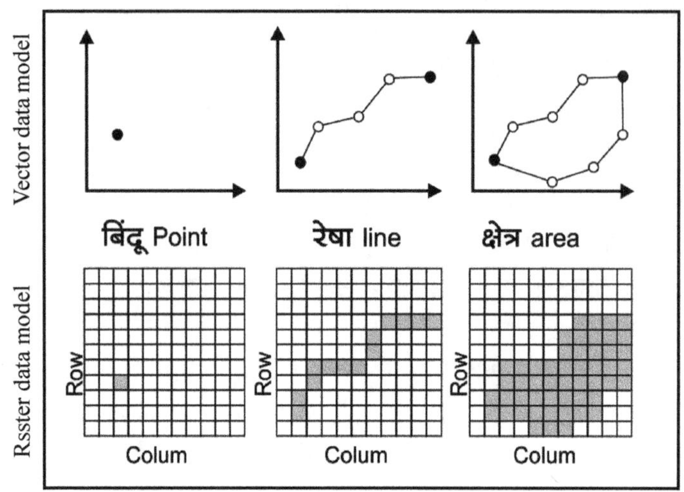

आकृती ४.२ : सदिश व जाळी चौकोन प्रतिमान (Vector and Raster Models)

अगदी कमी बिंदू वापरले तर मूळ आकृतीच्या आकारात तडजोड होते. आवश्यकतेपेक्षा जास्त बिंदू वापरले तर संगणकात साठवण करण्याची सांख्यिकी निष्कारण वाढते. त्याचा खर्चही वाढतो आणि काही वेळा सांख्यिकीची द्विरुक्ती (Duplication) सुद्धा होते.

अभिक्षेत्रीय सांख्यिकीच्या संरचना (Spatial Data Structures)

अवकाशिक सांख्यिकी प्रतिमानाची पुनर्रचना (Restructuring) करण्यासाठी संगणकाला अंक स्वरूपात (Digital Format) सांख्यिकीची रचना आवश्यक असते. जी.आय.एस. मध्ये अनेक प्रकारच्या सांख्यिकी रचना वापरल्या जातात. त्यामुळेच अनेकदा, वेगवेगळ्या जी.आय.एस. संहितामध्ये अवकाशिक सांख्यिकीची अदलाबदल (Exchange) करणे कठीण बनते. तरीही जाळी व सदिश अशा मुख्य दोन प्रकारांसाठी संरचना करणे (Structuring) शक्य असते.

जाळी सांख्यिकीची संरचना (Raster Data Structures)

एखाद्या प्रदेशाच्या संगणकावरील साठवणीसाठी व निर्देशनासाठी अनेक पद्धती उपलब्ध आहेत. आकृती 4:3 मध्ये याची सगळ्यात सोपी पद्धत दाखवली आहे. ही एक प्रकारची संकेतसंहिताच (Coding) आहे. यात प्रदेश किंवा चित्र दर्शविणाऱ्या प्रत्यारोपित केलेल्या जाळीतील प्रत्येक जाळीचौकोन हा एका पट रचनेत (File Structure) जसाच्या तसा दाखविलेला असतो. पट रचनेच्या डोक्यावर रचनेतील एकूण ओळी किंवा रांगा (Rows) आणि स्तंभ (Column) सांगितलेल्या असतात व प्रत्येक जाळीचौकोनाची जास्तीत जास्त किंमत किती आहे ते सांगितलेले असते.

आकृती ४.३ :

आकृती 4.3 मध्ये या संरचनेत जिथे किनारी सपाट प्रदेश आहे तिथे चौकोनात 1 अंक लिहून व जिथे असा प्रदेश नाही तिथे शून्य लिहन एका संकेतसंहितेने संरचना दाखविलेली आहे.

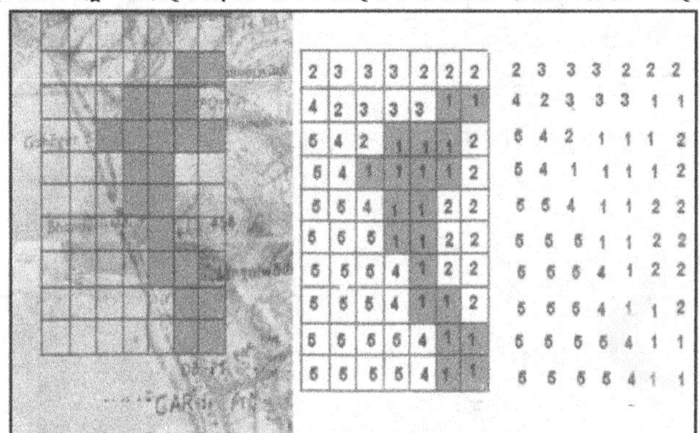

आकृती ४.४ : जाळी सांख्यिकीची संरचना (Raster Data Structures)

या संहितेत प्रदेश वैशिष्ट्यासाठी स्वतंत्र पट रचना म्हणजेच स्वतंत्र थर तयार करावा लागतो. आपल्या उदाहरणात आकृती 4.4 मध्ये दाखविल्याप्रमाणे 5 थर किंवा पट रचना तयार होतील.

अर्थात एकाच जाळीस्तरात (Raster Layer) विविध घटनांना वेगवेगळे संकेत वापरूनही संरचना तयार करता येते. (उदाहरणार्थ, निवासी क्षेत्रासाठी 1, जंगलासाठी 2, शेतजमिनीसाठी 3 असे संकेत वापरता येतात) अशी संरचना आ. 4.4 मध्ये दाखविल्याप्रमाणे दिसते.

जाळी संरचनेचा मोठा दोष म्हणजे जाळीचौकोनाचा आकार किंवा आकारमान (Size) अनेक विभाग किंवा उपविभाग असलेल्या प्रदेशाच्या निर्देशनासाठी जेवढी जागा लागते, तेवढीच जागा एखादाच विभाग असलेल्या प्रदेशाच्या निर्देशनासाठी लागते. त्यामुळे, अशा वेळी सांख्यिकी आटोपशीर करणाऱ्या, तिथे संक्षिप्तीकरण (Compaction) करण्याच्या पद्धती वापरल्या जातात, त्या थोडक्यात पुढीलप्रमाणे सांगता येतील-

1) रांगेनुसार संकेतीकरण (Run Length Encoding) : या पद्धतीत सांख्यिकीचे प्रमाण किंवा विस्तार प्रत्येक ओळीनुसार किंवा रांगेनुसार कमी केला जातो. पट रचनेच्या डोक्यावर एकूण रांगा व स्तंभ आणि

जी. आय. एस. तंत्राची ओळख व उपयोजग आणि दूर संवेदन तंत्र । ५५

किती वैशिष्ट्ये किंवा विभाग दाखविलेले आहेत त्यासंबंधीची माहिती असते. त्यानंतर प्रत्येक ओळीत असलेल्या संकेतांची संख्या दाखविली जाते. आकृती 4:5 मध्ये दाखविल्याप्रमाणे '0' संकेत असलेले 10 चौकोन पहिल्या ओळीत, तर दुसऱ्या ओळीत '0' संकेत असलेले 3 चौकोन '1' संकेत असलेले 5 चौकोन व त्यानंतर '0' संकेत असलेले 2 चौकोन आहेत. अशा पद्धतीने पूर्ण पटरचना (File Structure) तयार केली जाते. (आ. 4.5)

2) **खंड संकेतीकरण (Block Encoding) :** यामध्ये एका चौकोनाऐवजी, एकाच स्वरूपाच्या अनेक चौकोनांच्या मोठ्या तुकड्यांची श्रेणी लक्षात घेतलेली असते. आ. 4:6 मध्ये एकूण 10 चौकोनांत संपूर्ण प्रदेश दाखवायचा आहे. यात 1 जाळी चौकोन असलेले एकूण 7 चौकोन एक खंड तयार करतील. चार चौकोन असलेले 2 चौकोन दुसरा खंड बनवतील व 9 लहान चौकोनाचा एकच मोठा खंड असेल. या पद्धतीत चौकोन जाळीच्या, वायव्य कोपऱ्यापासून, रांगेनुसार व स्तंभानुसार संदर्भ दिला जातो.(आ. 4.6)

3) **साखळी संकेतीकरण (Chain Encoding) :** या पद्धतीत प्रदेशाची सीमा, संकेताच्या साखळीने दर्शविली जाते. यास एकाच उद्गम बिंदूपासून (Origin) निघून पुन्हा तिथेच येऊन पोचणाऱ्या एकक चौकोनांच्या श्रेणीचा वापर केला जातो. आ. 4:7 मध्ये दाखविल्याप्रमाणे 4, 3 हा सुरुवातीचा चौकोन धरला तर संपूर्ण सीमा ही उत्तरेकडे 2 चौकोन, पूर्वेकडे 4, दक्षिणेकडे 1, पूर्वेकडे 1, पुन्हा दक्षिणेकडे 1, पश्चिमेकडे 1, दक्षिणेकडे 2, पश्चिमेकडे 1, दक्षिणेकडे 1, पश्चिमेकडे 1, उत्तरेकडे 3, पश्चिमेकडे 1, उत्तरेकडे 1 व पश्चिमेकडे 1 अशी निश्चित करता येते.(आ 4.7)

4) **चतुर्थक विभागणी वेल (Quadrats) :** जाळी प्रतिमानाचा महत्त्वाचा गुणधर्म म्हणजे प्रत्येक जाळी चौकोन त्याच्यापेक्षा लहान आकाराच्या चौकोनात विभागता येतो. प्रत्येकाचा आकार व दिशादेशन (Orientation) सारखेच राहते. प्रदेशनिष्ठित चतुर्थक विभागणी हा त्याचा एक प्रकार. आ. 4.8 मध्ये प्रदेशाचे जाळी प्रतिमान दाखवले आहे. संपूर्ण जाळीचे 4 चतुर्थक (Quadrats) करून त्यांना 0,1,2,3 असे अंक दिले आहेत. ज्या भागात अंक सांख्यिकी मिळवणे गरजेचे आहे. तो भाग 3 क्रमांकाच्या चतुर्थकात आहे. याचे पुन्हा 4 चतुर्थक केल्यावर असे दिसते की, केवळ 30 क्रमांकाच्या चतुर्थकात व 31 क्रमांकाच्या चौथ्या भागातच हा प्रदेश समाविष्ट आहे; त्यामुळे त्याचे सांकेतीकरण शेवटच्या आकृतीत दाखविल्याप्रमाणे अंक स्वरूपात होईल.

सदिश सांख्यिकीची संरचना (Vector Data Structures)

बिंदूरेषा व क्षेत्र या रचनाखंडांनी या संरचना तयार करण्यात येतात आणि संगणकावर माहिती साठवून ठेवण्यासाठी या संरचनेचे विविध प्रकार वापरले जातात.

संगणकावर सांख्यिकीची साठवण ही क्ष, य सहअक्ष (Co-Ordinate) स्वरूपात एका पटरचनेत (File Structure) केली जाते (आ. 4.9) जेव्हा अधिक क्लिष्ट स्वरूपाच्या अवकाशिक घटना सदिश संरचनेने दाखवायच्या असतात, तेव्हा प्रक्रिया अधिक किचकट बनत जाते. अनेक बहुभुजाकृतींचे निर्देशन करताना, त्यातील समाईक (Common) भुजा किंवा बाजू दाखवताना, अनेक सहअक्ष बिंदूंची द्विरुक्ती (Duplication) होऊ शकते. हे टाळण्यासाठी सांख्यिकीच्या संरचनेतील सर्व बिंदू क्रमशः (Sequentially) नोंदले जातात; त्यामुळे कोणत्या बहुभुजाकृतीसाठी कोणते बिंदू वापरले आहेत हे कळू शकते. यास बिंदूकोश (Point Dictionary) असे म्हटले जाते (आ. 4.10).

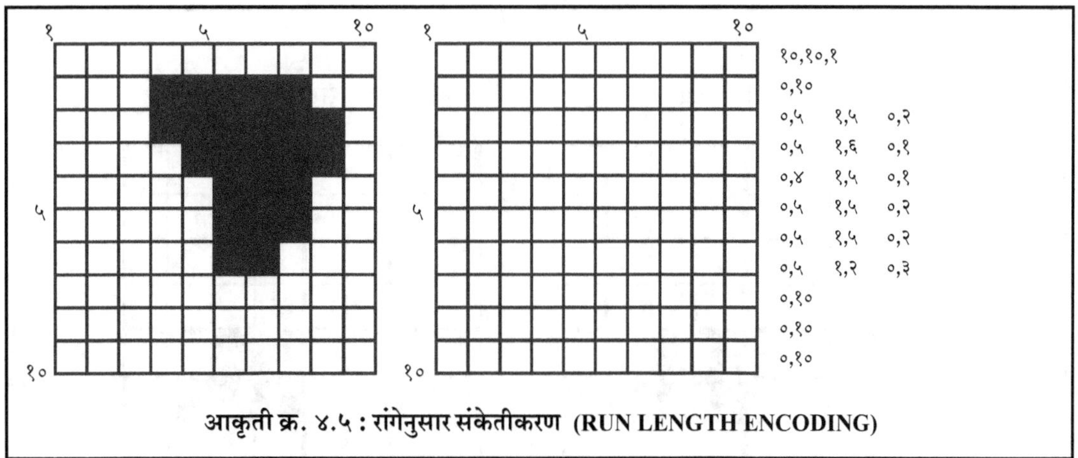

आकृती क्र. ४.५ : रांगेनुसार संकेतीकरण (RUN LENGTH ENCODING)

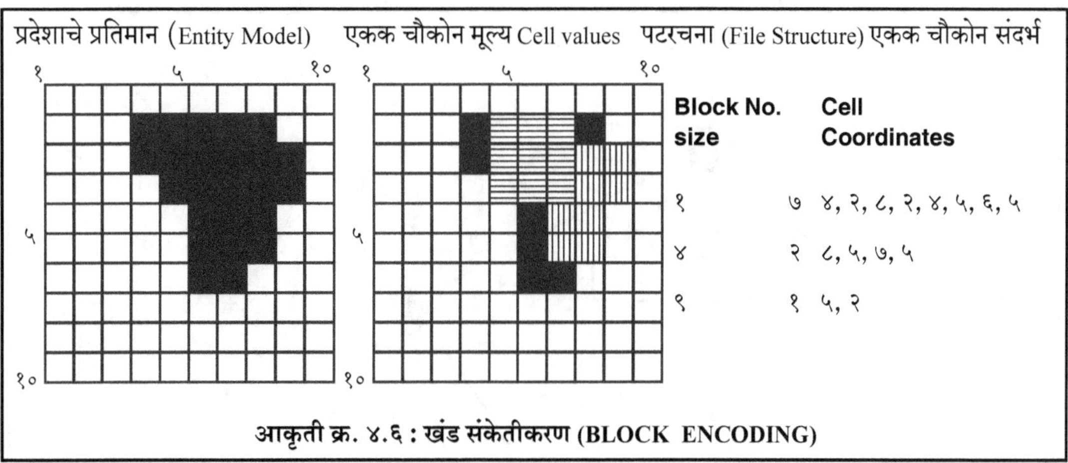

आकृती क्र. ४.६ : खंड संकेतीकरण (BLOCK ENCODING)

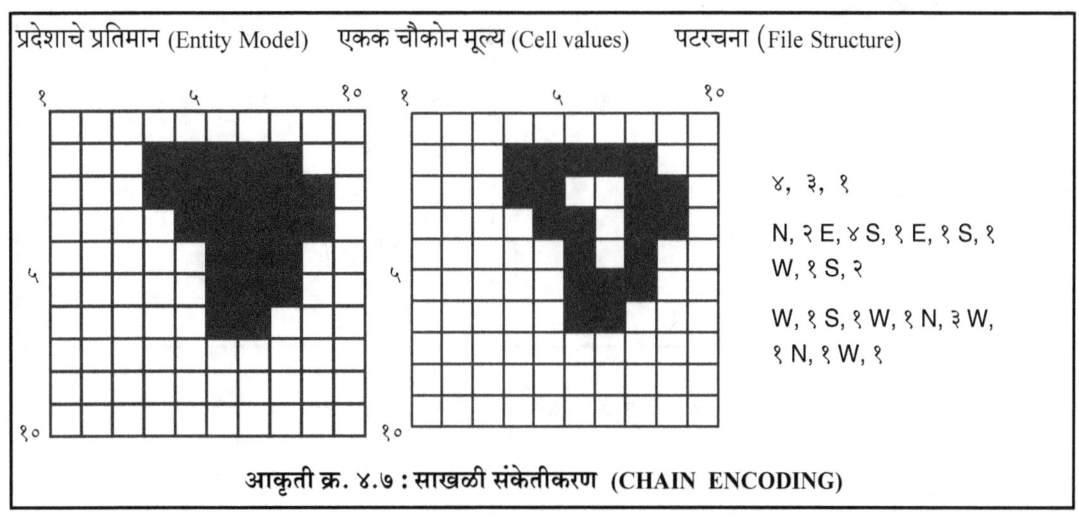

आकृती क्र. ४.७ : साखळी संकेतीकरण (CHAIN ENCODING)

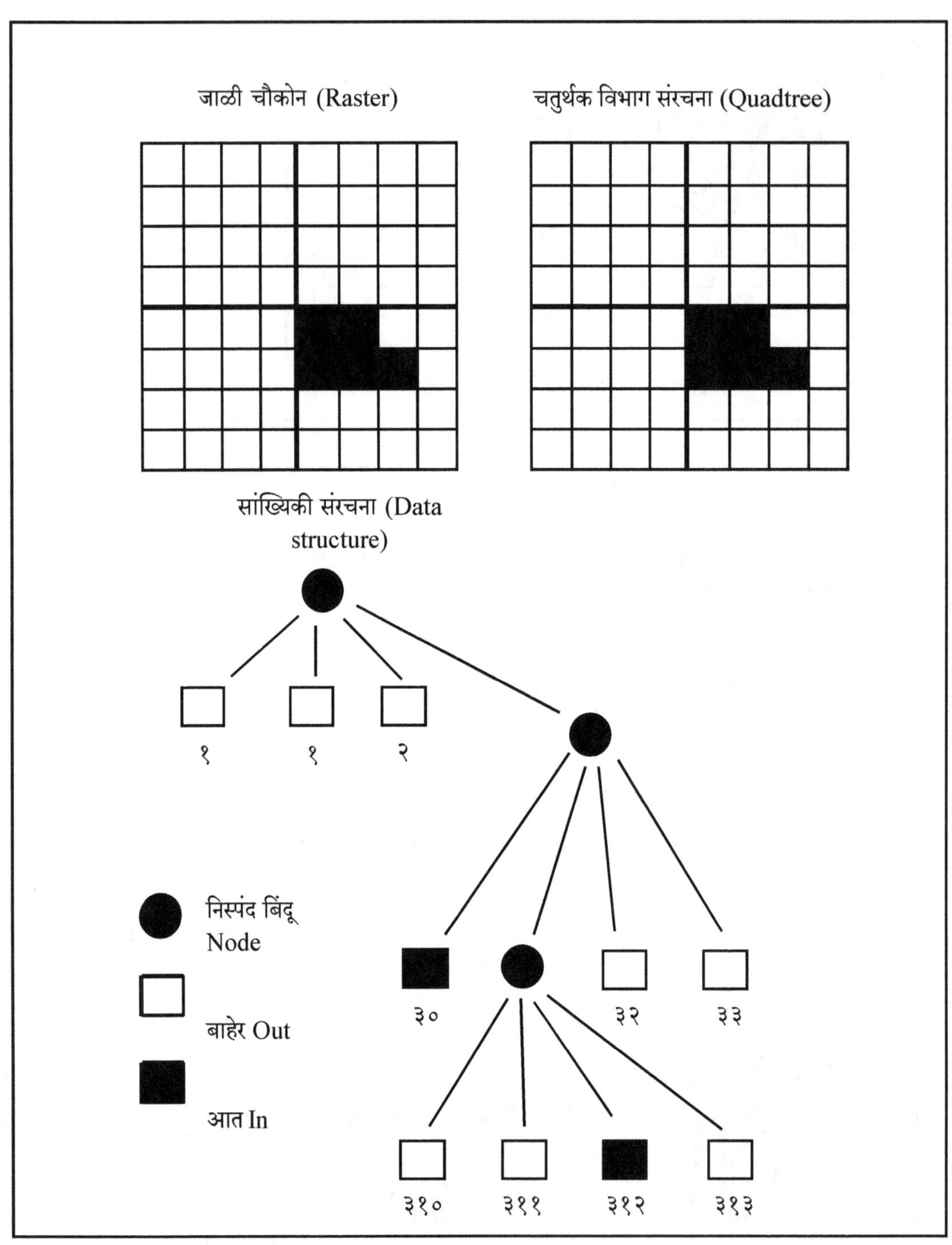

आकृती क्र. ४.८ : चतुर्थक विभागणी वेल (QUADTREES)

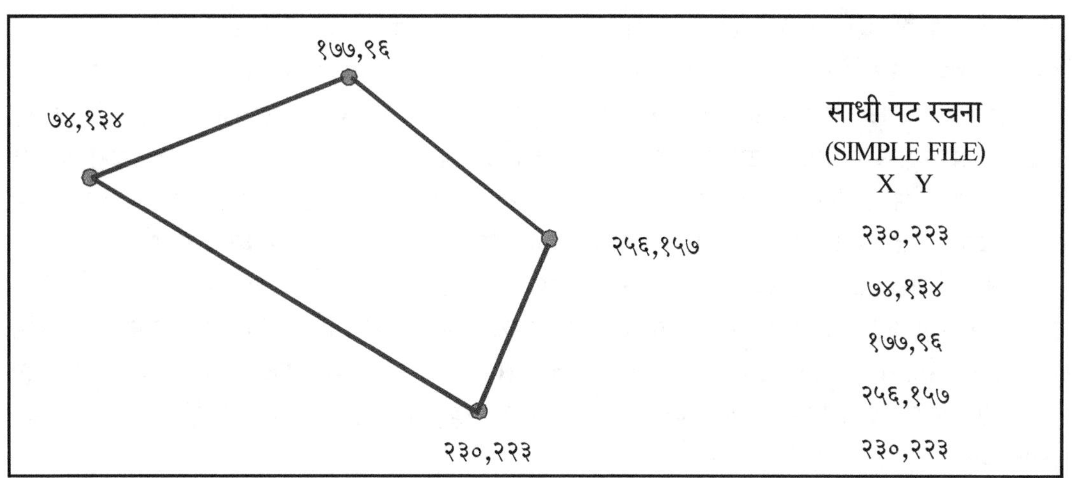

आकृती क्र. ४.९ : सदिश सांख्यिकीची संरचना (VECTOR DATA STRUCTURES)

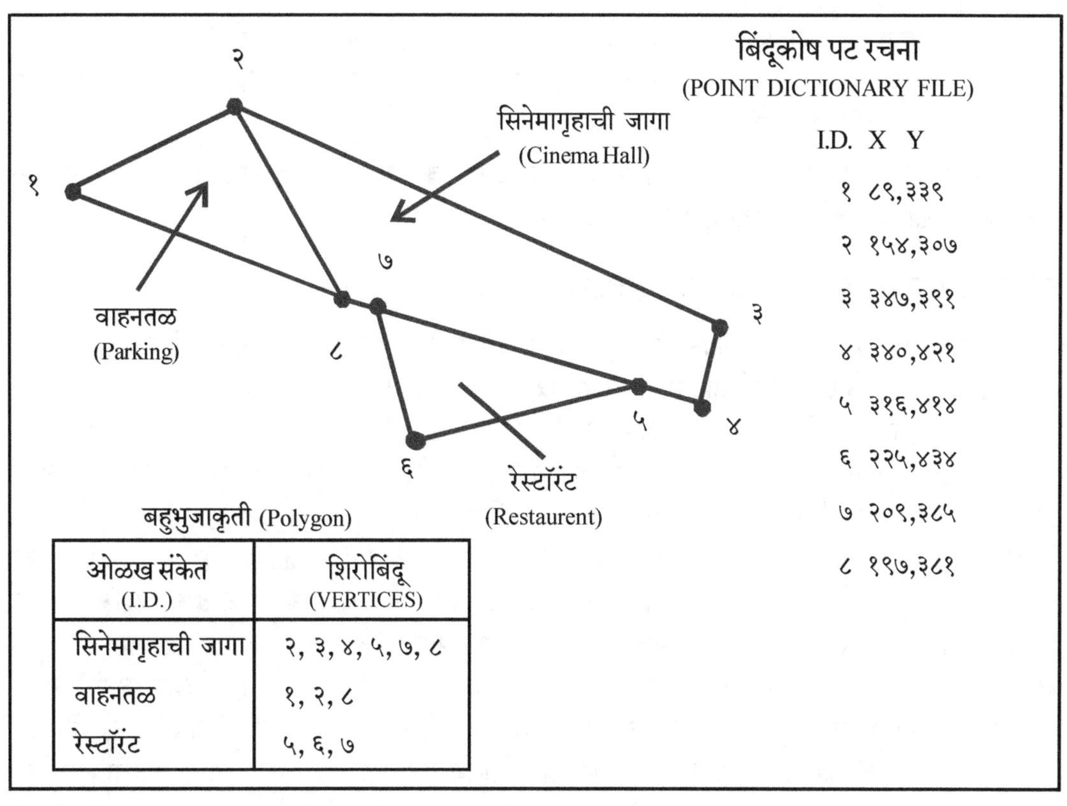

ओळख संकेत (I.D.)	शिरोबिंदू (VERTICES)
सिनेमागृहाची जागा	२, ३, ४, ५, ७, ८
वाहनतळ	१, २, ८
रेस्टॉरंट	५, ६, ७

आकृती क्र. ४.१० : बिंदूकोष पट रचना (POINT DICTIONARY FILE)

या सर्व वैशिष्ट्यांसाठी स्थलविज्ञान (Topology) तयार करताना रेषाखंडांची जोडणी करणे आवश्यक असते. रेषाखंडांच्या जोडणीने स्थलवैज्ञानिक संरचना केली तर ती संगणकाला सहज आकलन होऊ शकते. जवळपासच्या बहुभुजाकृतींचे अस्तित्व किंवा मोठ्या बहुभुजाकृतीत, रेषाखंडांच्या जोडणीने तयार केलेले द्वीप (Island) अशा संरचना तयार होऊ शकतात. दोन निस्पंद बिंदू (Nodal points) आणि त्यांना जोडणारा रेषाखंड (link) अशा तऱ्हेने दोरी किंवा तारसदृश्य रचना (String) केल्यास संपूर्ण रचनेची जोडणी म्हणजेच त्याचे स्थलविज्ञान सहजासहजी नष्ट होत नाही. अशी रचना पाहिजे तशी वाकवता येते, ताणता येते किंवा वळवता येते.

सदिश संरचनेत, जी.आय.एस. चा उपयोग करणारा प्रामुख्याने अशा जोडणींचे प्रयत्न करतो. 'बिंदू' हा केवळ दोन संदर्भांच्या साहाय्याने निश्चित करता येत असल्यामुळे, बिंदूंच्या सुनियंत्रित व सुनिश्चित गटांच्या साहाय्याने (Ordered Set), चाप (Arc), खंड (Segment), साखळी (Chain) असे विविध प्रकार वापरून प्रदेशाचे निर्देशन केले जाते. प्रत्येक वेळा रेषाखंडांच्या सुरुवातीचा व अखेरचा बिंदू (Node) हा योग्य तऱ्हेने निश्चित करणे मात्र गरजेचे असते.

आज जी.आय.एस.मध्ये उपलब्ध असलेल्या सर्व तऱ्हेच्या स्थलवैज्ञानिक सांख्यिकी संरचना (Topological Data Structures) पुढील गोष्टी कटाक्षाने पाळतात-

1) कुठलाही निस्पंद बिंदू (Node) व रेषाखंड (Line Segment) यांची द्विरुक्ती (Duplication) होणार नाही.

2) बिंदू व रेषाखंडांना एकापेक्षा अधिक बहुभुजाकृतींचा संदर्भ असेल.

3) प्रत्येक बहुभुजाकृतीला एक विशिष्ट ओळख संकेतक (Unique Identifier) असेल.

4) द्वीप बहुभुजाकृती (Island Polygons) व छिद्र बहुभुजाकृती (Hole Polygons) अशा संरचनांचे पर्याप्त (Adequate) निर्देशन होईल.

प्रत्येक बहुभुजाकृतीचे क्षेत्र मोजणे, तिला विशिष्ट ओळख संकेत देणे आणि त्यानुसार गुण विशेष सांख्यिकी (Attribute Data) जोडणे ही प्रक्रिया त्यामुळे सुकर होते.

क) हवाई छायाचित्रण (Aerial Photography)

हवाई छायाचित्रण हा दूरसंवेदनाचा प्रमुख व प्रभावी प्रकार असून, उपग्रह प्रतिमानीच्या (Satellite imaging) सध्याच्या वाढत्या वापरातही हवाई छायाचित्रांचे महत्त्व तितकेच टिकून आहे.

आज हवाई छायाचित्रांचा मुख्य वापर ज्योतिर्मापी (Photogrammetry) व वाचन आणि वर्णन (Interpretation) यात केला जातो. ज्योतिर्मापी म्हणजे हवाई छायाचित्रावरून पृथ्वीवरील विविध घटकांचे नेमके मोजमाप करणे. राइट ब्रदर्स यांच्या 1903 मधल्या पहिल्या वहिल्या हवाई उड्डाणाच्या आधीही सैनिकी पर्यवेक्षणात (Military reconnaissance) या शास्त्राचा वापर केला गेला होता. लॉसडॅट (Laussdat), या 1850 मधल्या फ्रेंच अभियंत्याला, ज्योतिर्मापीचा जनक मानले जाते. इ.स. 1890 ते 1910 या काळात या तंत्राचा मोठ्या प्रमाणावर, सर्वेक्षणात वापर केला गेला. आजकाल समोच्च रेषा मानचित्रीकरण (Contour mapping), भूरूप सर्वेक्षण, वनक्षेत्र सर्वेक्षण, वृक्ष सर्वेक्षण, यासारख्या क्षेत्रात याचा वापर वाढलेला आहे. हवाई छायाचित्रांचे वाचन व वर्णन हे शास्त्रशुद्ध तंत्र म्हणून विकास पावले आहे. हवाई छायाचित्रांच्या साहाय्याने, विविध घटक, वैशिष्ट्ये ओळखून त्यातील सहसंबंध नक्की करणे व या अभ्यासाचे विविध क्षेत्रात उपयोजन करणे हा या तंत्राचा मुख्य हेतू आहे. आजकाल, व्यवस्थापन, सर्वेक्षण, नियोजन या सर्वच क्षेत्रात, उपग्रह प्रतिमांचे उपयोजन झपाट्याने वाढते आहे.

हवाई छायाचित्रांचे वाचन व वर्णन करणाऱ्यास (Interpreter) भूशास्त्र, भूगर्भशास्त्र, वनशास्त्र, अभियांत्रिकी, यासारख्या विविध विज्ञानशाखेतील ज्ञान असणे गरजेचे असते.

त्रिमित हवाई छायाचित्रण (Three Dimensional Aerial photography)

हवाई छायाचित्रण तंत्रात, प्रदेशाचे चित्रण अशा तऱ्हेने केले जाते की मिळालेली चित्रे, त्रिमितदर्शी (Stereoscope) च्या साहाय्याने त्रिमित स्वरूपात दिसतील. यासाठी लागोपाठ घेतलेली दोन चित्रे अनुलंब (Vertical) दिशेत घ्यावी लागतात.

हवाई छायाचित्रणात घेतलेली चित्रे साधारणपणे चौकोनी आकारात, फिल्मच्या रूंदीनुसार 23 सेंमी × 23 सेंमी (किंवा 9 इंच × 9 इंच) आकारात उपलब्ध होतात. 23 × 23 सेंमी आकार हा बहुतांशी नकाशाशास्त्रीय कॅमेऱ्यात मिळणारा आदर्श आकार आहे. काही वेळा 5.7 सेंमी × 5.7 सेंमी (किंवा 2.5 इंच × 2.5 इंच) आकारातही हवाई छायाचित्रे उपलब्ध होत असली तरी त्याचे प्रमाण खूपच कमी आहे. 23 × 23 सेंमी ह्या आकाराच्या निगेटिव्हज मोठ्या करूनही चित्रे मिळवता येत असली तरी, 23 × 23 सेंमी आकारातील हवाई छायाचित्रे साठवण (Storage), हाताळणी (Handling) या साठी खूपच सोईस्कर असतात.

काही वेळा निगेटिव्ह म्हणून छायाचित्रे छापण्याऐवजी, निगेटिव्ह ही पॉझिटिव्ह म्हणूनच अभ्यासिली जाते. (Positive Transparencies) हवाई छायाचित्रण हे भूपृष्ठाशी कोन करून तिरकस (oblique) स्वरूपातही केले जाते. ज्या तिरकस हवाई छायाचित्रात क्षितिज दिसू शकते त्याला उच्च तिरकस किंवा क्षितिजासह छायाचित्र (High oblique photograph) तर ज्यात ते दिसत नाही त्यास क्षितिजाविना (Low oblique) छायाचित्र म्हटले जाते. तिरकस छायाचित्रांचा फायदा असा की यात अनुलंब चित्रांपेक्षा जास्त प्रदेश समाविष्ट झालेला असतो. अर्थात अशी छायाचित्रे फारशी वापरली जात नाहीत कारण छायाचित्राचे प्रमाण सर्वत्र सारखे नसल्यामुळे, अंतर, क्षेत्रफळ, उंची यासारख्या मोजमापात त्यांचा उपयोग होत नाही. हवाई छायाचित्रण हे, भूपृष्ठाच्या बरोबर वर लंब दिशेने केले जाते. अशा तऱ्हेच्या चित्रात भूपृष्ठावरील विविध घटक ओळखणे कठीण जात असले तरी, चित्राचा नकाशा सदृश्य साचा, व भूपृष्ठावरील घटकांची नेमकी भूमितीय परिमाणे, यामुळे या चित्रांचा खूप चांगला उपयोग होऊ शकतो.

खऱ्या अर्थाने अनुलंब दिशेने चित्रण करणे अर्थातच सहज सोपे नसल्यामुळे, आदर्श अनुलंब चित्रे फारच कमी असतात. विमानाच्या अस्थिरतेमुळे काही प्रमाणात छायाचित्रात कल (Tilt) येतोच. अशी 'जवळपास' अनुलंब चित्रे (Near Vertical Photographs) ही खूपच चांगल्या प्रकारे वापरली जाऊ शकतात. चित्रण प्रक्रियेत, घेतलेल्या चित्रांचे प्रमाण सारखे रहावे यासाठी विमानाची उड्डाणउंची (Flying height), उंचीमापकाच्या (Altimeter) साहाय्याने सदैव नियंत्रित केली जाते. असे असूनही ही उंची नेहमी एकाच पातळीवर नियंत्रित होणे कठीण असते. अपेक्षित उंचीच्या + 70 मीटर इतक्या कक्षेत ती नियंत्रित करण्याचा प्रयत्न केला जातो.

चित्रण करतांनाच, चित्रण होत असलेल्या चौकटीच्या बाजूवर किंवा कोपऱ्यावर बसविलेल्या संदर्भ खुणांचे पार्श्वप्रकाश चित्र (Silhouettes), छापील चित्रावर यावे अशी सोय केलेली असते. यांना फिड्युशिअल मार्क (Fiducial Marks) म्हटले जाते. या निर्देश खुणांची संख्या 4 ते 8 असते. (आ. 4.11) समोरासमोरच्या या निर्देश खुणा जोडल्यावर मिळणारा छेदन बिंदू हा त्या चित्राचा प्रमुख बिंदू (Principal Point) किंवा प्रकाश अक्ष केंद्र (Optical center) असतो. जमिनीवरील अधोबिंदू (Ground nadir) हा कॅमेरा भिंगाच्या बरोबर खाली लंब दिशेत असतो. जमिनीवरील अधोबिंदू आणि कॅमेरा भिंग यातून जाणारी लंब रेषा जिथे छायाचित्राला छेदते त्या बिंदूस छायाचित्राचा अधोबिंदू (Photographic nadir) असे म्हटले जाते. (आ. 4.12)

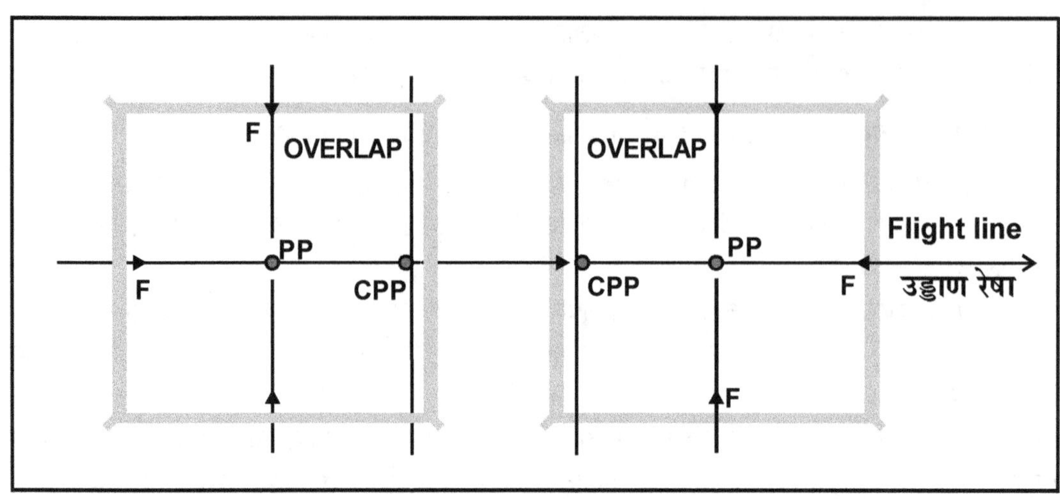

F Flducli Mark फिड्युसियल बिंदू   PP   Principal Point   प्रमुख बिंदू

(आ.४.११) CPP Conjugate principal point संयुग प्रमुख बिंदू

Overlap द्विरुक्ती प्रदेश

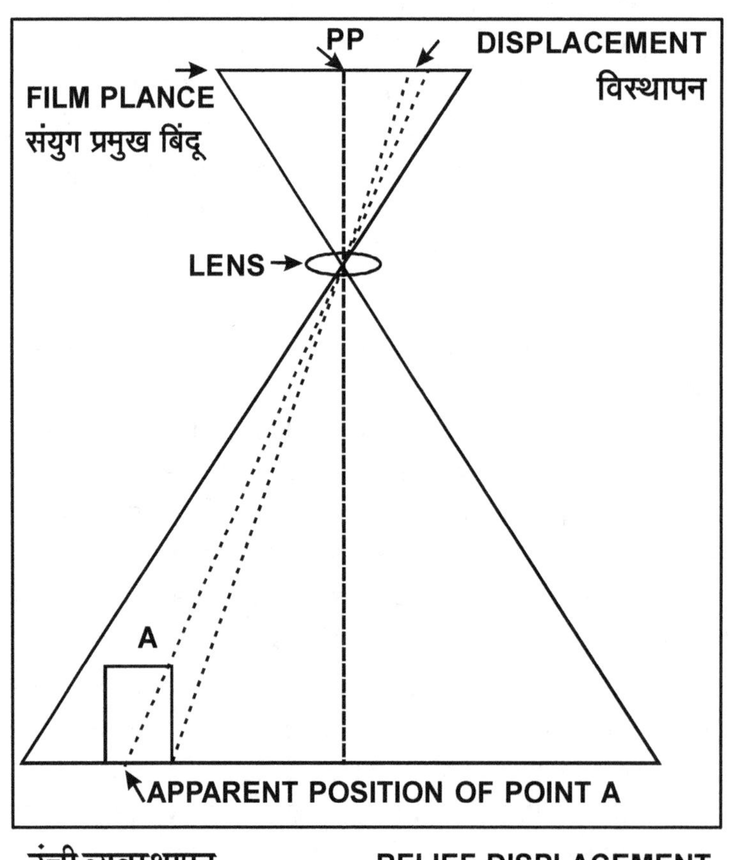

उंची व्यवस्थापन   RELIEF DISPLACEMENT

(आ. ४.१२)

खऱ्या अर्थाने अनुलंब छायाचित्रात, समकेंद्र (कल दर्शक केंद्र Focus of tilt), छायाचित्राचा अधोबिंदू व प्रमुख बिंदू एकच असतात. विमानात चित्रणवेळी थोडासा कल असल्यास समकेंद्र बाजूला जाते. ते प्रमुख बिंदूच्या जवळपासच असते पण तरीही, चित्राच्या प्रमुख बिंदू जवळ चित्रणात जेवढी अचूकता मिळते ती चित्राच्या पार्श्वबाजूकडे कमी होत जाते.

आजकाल हवाई छायाचित्रणात उत्तम प्रतीचे कॅमेरे व विमाने वापरली जातात. त्यामुळे अशा तऱ्हेचे दोष फारच कमी प्रमाणावर आढळतात. मात्र पृष्ठभागाच्या उंचसखलपणामुळे होणारे चित्रणाचे विस्थापन (Relief displacement) ही स्थाननिगडीत (Positional) त्रुटी रहातेच. कॅमेरा भिंगाच्या बरोबर खाली येणारा प्रदेश लंब रेषेच्या खाली येत असल्यामुळे त्याचा केवळ वरचा भाग चित्रित होतो. मात्र त्यापासून जसे दूर जावे तसे प्रदेशांचे माथे व थोड्या बाजूही चित्रित होतात. त्यामुळे केंद्रापासून दूरवर असलेल्या गोष्टी बाहेरच्या बाजूस झुकलेल्या दिसतात. जास्त उंची असलेल्या इमारतीमधे हा परिणाम लगेच जाणवतो. यास उंचीमुळे होणारे विस्थापन (Relief displacement) म्हटले जाते. हे विस्थापन छायाचित्राच्या अधोबिंदूपासून बाह्यवर्ती भागाकडे (outward) दिसते. चित्रण होत असलेल्या घटकाची (object) उंची व त्या घटकाचे अधोबिंदू पासूनचे अंतर यावर हे विस्थापन अवलंबून असते. हे विस्थापन कॅमेऱ्याची नाभिय लांबी व उड्डाण उंची यावरही ठरत असले तरी जवळजवळच्या दोन छायाचित्रात (Stereopair) हे दोन घटक स्थिर मानण्यात येतात. हे विस्थापन हाच, हवाई छायाचित्रावरून करण्यात येणाऱ्या उंचीच्या मोजमापाचा आधार आहे.

हवाई चित्रण तंत्र : एखाद्या प्रदेशाचे पूर्ण चित्रण करण्यासाठी वैमानिक, त्या प्रदेशावर समांतर उड्डाण रेषा निश्चित करून त्यावरून चित्रण करतो. प्रत्येक उड्डाण रेषेवर (Flight line), अग्रगामी दिशेने, निश्चित केलेल्या चौकटीत एका मागून एक छायाचित्रे घेतली जातात. जवळजवळच्या दोन छायाचित्रात, अग्रगामी दिशेने काही भागाची द्विरूक्ती (overlapping) होईल याची काळजी घेतली जाते. (आ. 4.13) पुनरावृत्ती किंवा द्विरूक्ति झालेला भाग सामान्यपणे 50 ते 60% असतो. असे छायाचित्रण जास्तीत जास्त 20 किमी उंचीवरून चांगल्या प्रकारे होऊ शकते. यापेक्षा कमी उंचीवरून किंवा पृष्ठभागाजवळून केलेल्या चित्रणात, हवेच्या थरातील उत्सर्जन, उर्ध्वगामी संचलन, मेघनिर्मिती यांचा अडथळा येऊ शकतो. त्यामुळे विमान स्थिर ठेवण्यात ही अडचणी येतात.

वाऱ्यामुळे जर विमानाचा मार्ग विचलीत झाला तर चित्रण झालेल्या प्रदेशावरचा समाविष्ट भाग बदलत जातो व चित्रांच्या चौकटी (आ. 4.14) मधे दाखविल्याप्रमाणे दिसतात. याला झुकाव (Drift) म्हटले जाते. हा झुकाव भरून काढण्यासाठी, उड्डाण दिशा बदलून, पण कॅमेऱ्याचे दिक्दर्शन (Orientation) न बदलता, छायाचित्रण केले जाते. यामुळे जे चित्रण होते त्याला क्रॅब(Crab) म्हटले जाते. (आ. 4.15)

अग्रगामी छायाचित्रण करताना, व चित्रणाची काही भागात द्विरूक्ति करतांना, पहिल्या चित्राचा प्रमुख बिंदू (Principal Print) हा पुढच्या चित्राच्या बाजूवर, उड्डाण रेषेवर येतो. यास संयुग्म प्रमुख बिंदू (Conjugate Principal Point) म्हटले जाते. उड्डाण रेषा समांतर असल्यामुळे प्रत्येक चित्र चौकटीत, अग्रगामी द्विरूक्ति (Forward overlap) प्रमाणे, पार्श्ववर्ती द्विरूक्ति (Side or lateral overlap) सुद्धा मिळते. याचे प्रमाण सामान्यपणे 5 ते 20% एवढेच असते.

त्रिविमितीय विचलन (Stereoscopic Parallax)

जेव्हा एकाच प्रदेशाचे, दोन वेगवेगळ्या ठिकाणाहून चित्रण केले जाते तेव्हा प्रदेशातील घटकात स्थानबदल (Shift) झालेले दिसतात. वैशिष्ट्याची नैसर्गिक किंवा यथार्थ आकृती (Perspective) बदलते. जवळच्या चित्रणात हे स्थानबदल प्रकर्षाने जाणवतात पण दूरच्या चित्रणात यथार्थता दिसते. यास त्रिविमितीय

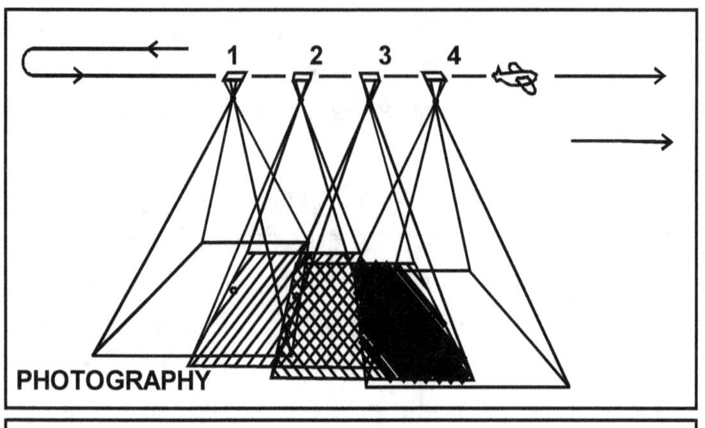

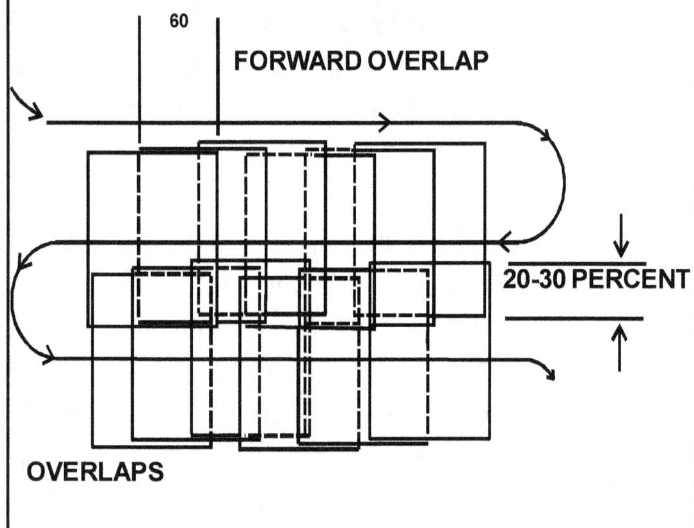

आ. ४.१३

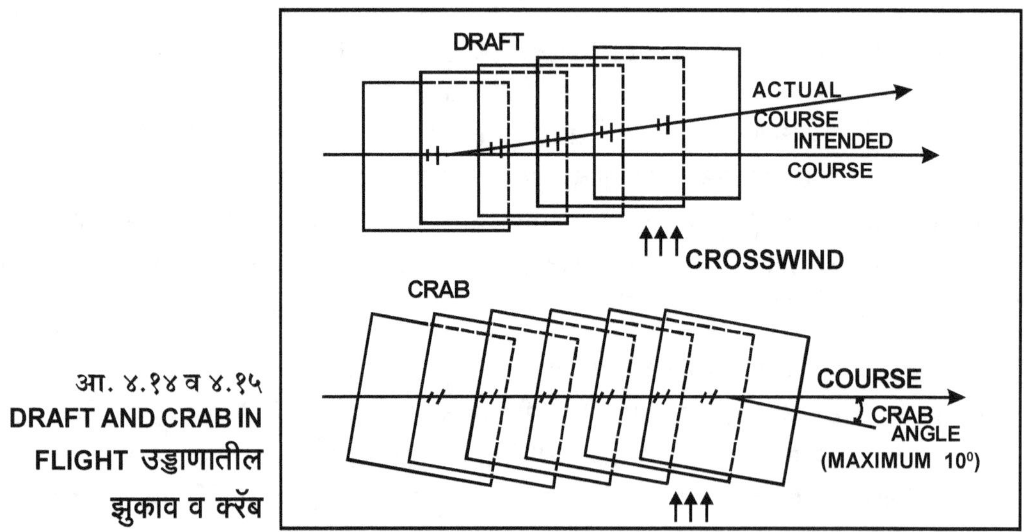

आ. ४.१४ व ४.१५
DRAFT AND CRAB IN
FLIGHT उड्डाणातील
झुकाव व क्रॅब

विचलन असे म्हटले जाते.

हे विचलन, हवाई छायाचित्रात द्विरूक्त झालेल्या प्रतिमेत, उंची व अंतरे मोजण्यासाठी उपयुक्त ठरते. दोन जवळजवळच्या हवाई छायाचित्रात, उड्डाण दिशेच्या अनुषंगाने, प्रदेशाच्या चित्रणाची द्विरूक्ती होत असतानाच, त्यात त्रिविमितीय विचलन होत असते. अर्थातच हे विचलन उड्डाण दिशेला समांतर असते. झाडांचे माथे, इमारतींचे उंच भाग, टेकड्यांचे माथे, ह्या गोष्टी कॅमेऱ्यापासून कमी अंतरावर असल्यामुळे त्यात जास्त विचलन किंवा स्थानबदल जाणवतात. याउलट, कमी उंचीच्या गोष्टीत हे विचलन कमी होते. ह्याच तत्त्वावर विचलन पट्टी (Parallax Bar) या उपकरणाचा वापर करून, प्रदेशातील वैशिष्ट्यांची उंची मोजली जाते.

ज्योतिर्मापी (Photogrammetry) मधे, त्रिमित दृष्य क्षमता (Stereoscopic ability) ठरवितांना, जे त्रिमितदर्शी कार्ड (Stereocard) बनविले जाते, त्यातही, उड्डाण दिशेत (Along Flight line) काढलेल्या दोन स्वतंत्र वर्तुळात कमी अंतर असलेल्या खुणा उंचावर, (Floating) तर जास्त अंतर असलेल्या खुणा खाली (Digging) दिसतात ते याचमुळे (आ. 4.14)

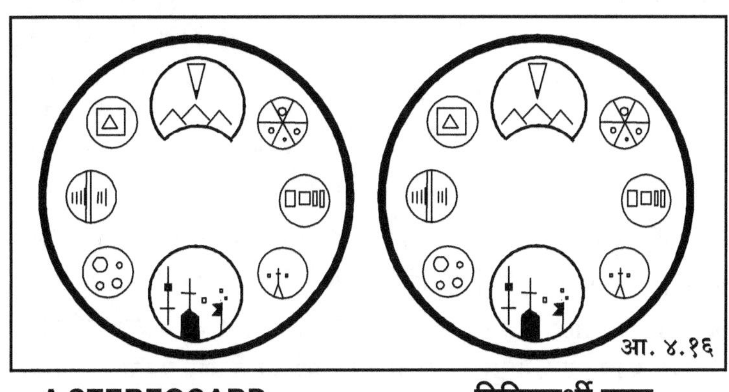

A STEREOCARD   *त्रिमितदर्शी तक्ता*

ड) उपग्रहीय दूरसंवेदन (Satellite Remote Sensing)

दूरसंवेदनात जेव्हा कॅमेरे व बहुवर्णपटलीय समीक्षक वापरले जातात तेव्हा प्रतिमा छायाचित्र स्वरूपात किंवा चुंबकीय पट्टिकेवर(Magnetic Tapes) अंकीय नोंदस्वरूपात (Digital Format) मिळते हे आपण पाहिलेच आहे.

उपग्रहांमार्फत केलेल्या दूरसंवेदनात अशा तऱ्हेने प्रतिमा मिळणे शक्यच नसते. यात उपग्रहातील संवेदक (Sensor), पृथ्वीपृष्ठाचे सलग समीक्षण करून, संकेत(Signal) स्वरूपात ही माहिती पृथ्वीवरील केंद्राकडे संचरीत (Transmit) करतो.

दूरसंवेदनासाठी जे उपग्रह वापरले जातात ते दोन प्रकारचे असतात. (1) भूस्थिर (Geo-Stationary) व (2) सूर्यानुगामी (Sun Synchronous) (आ. 4.17 व 4.18 पहा) भूस्थिर उपग्रह साधारणपणे 36,000 किमी उंचीवर स्थिर असतात. पृथ्वीपासून खूप अंतरावर असल्यामुळे यांच्यामार्फत उच्च वियोजन प्रतिमा (High Resolution Images) मिळवणे कठीण असते. हवामानसंबंधी माहिती मिळवण्यासाठी यांचा चांगला उपयोग होतो. भारताच्या INSAT प्रणालीतील सर्व उपग्रह या प्रकारचे आहेत. सूर्यानुगामी उपग्रह कमी उंचीवर म्हणजे साधारणपणे 1000 किमी उंचीवर असतात. त्यांची कक्षा उत्तर-दक्षिण, ध्रुवीय व वर्तुळाकृती असते. पश्चिम-पूर्व फिरणाऱ्या पृथ्वीवरील एकाच रेखावृत्तावरील सर्व ठिकाणे एकाचवेळी संवेदित केली जातात. हे उपग्रह कमी उंचीवर असल्यामुळे त्यांनी मिळविलेल्या प्रतिमा अधिक स्पष्ट असतात. त्यांची वियोजनक्षमता खूपच चांगली

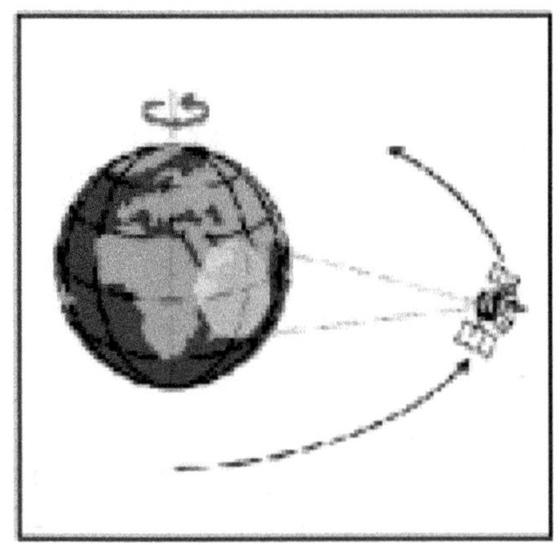

आकृती ४.१७ : भूस्थिर कक्षा
(Geostationary Orbit)

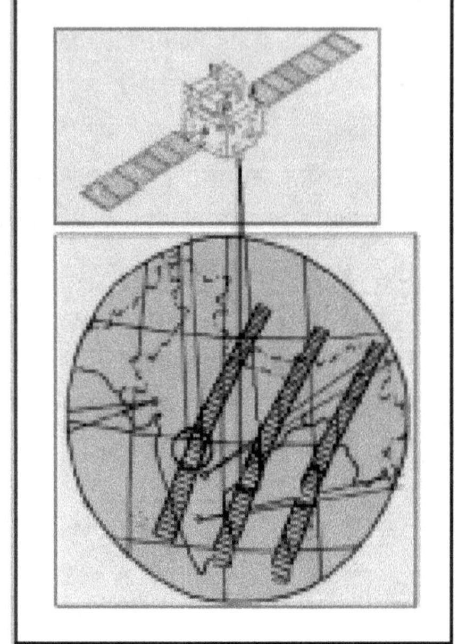

आकृती ४.१८ : सूर्यनुगामी कक्षा
(Sun Synchronous Orbit)

असते. सूर्यनुगामी कक्षेमुळे, एखाद्या विशिष्ट अक्षवृत्तावरील सर्व ठिकाणे एकाच स्थानिक वेळी व एकाच प्रकाशपातळीसह (Illumination Level) चित्रित केली जातात. शिवाय त्याच ठिकाणचे ठरावीक कालांतराने पुन्हा चित्रणही (Repetative Cycle) होत असते. 917 किमी उंचीवर असलेल्या लँडसॅट 1, 2 व 3 हे सूर्यनुगामी उपग्रह दर दिवशी पुनर्भेट देत. IRS-ID सुद्धा 14 भ्रमणे दर दिवशी करतो व त्याची उंची 780 किमी एवढी आहे.

उपग्रहातील संवेदक, पृथ्वीवरील प्रदेशांचे सलग संवेदन करून मिळालेली सांख्यिकी पुन्हा पृथ्वीवरील केंद्राकडे संचरित (Transmit) करतो. उपग्रह हे पृथ्वीसंदर्भातच फिरत असल्यामुळे व त्यांची कक्षा रोज वेगळी असल्यामुळे, उपग्रहाचे स्थान, शृंगिकेच्या (Antenna) साहाय्याने रोज त्यांच्याशी संपर्क करून, निश्चितपणे सांगावे लागते. पृथ्वीवरील संपर्ककेंद्राच्या वरून जेव्हा उपग्रह जात असतो तेव्हाच, तीन अक्षांत फिरणाऱ्या शृंगिकेचा यासाठी वापर केला जातो.

उपग्रह प्रदेशावरून जात असताना, नेमक्या कोणत्या प्रदेशाचे निरीक्षण करील व केवढ्या प्रदेशाची प्रतिमा देईल त्याची संदर्भप्रणाली (Referencing Scheme) तयार केली जाते. ही माहिती देणाऱ्या कोष्टकास भ्रमणकक्षीय पंचांग (Orbital Calender) असे म्हटले जाते. प्रत्येक प्रतिमेचा संदर्भ हा समीक्षामार्ग व त्याचा ओळ संकेत (Path and Row) या पद्धतीने दिला जातो (आ. 4.19).

उपग्रहप्रणालीने मिळविलेल्या सांख्यिकीत पुढील गोष्टींमुळे त्रुटी राहू शकतात.
1) संवेदकाची संवेदनशीलता व शोधकाचा प्रतिसाद (Sensor Sensitivity And Detector Responsivity)
2) प्रदीप्तीची असमानता (Non Uniformity of Illumination)
3) वातावरणीय परिणाम (Atmospheric Effects)
4) चित्रणपृष्ठाचे गुणधर्म (Scene Surface Characteristics)

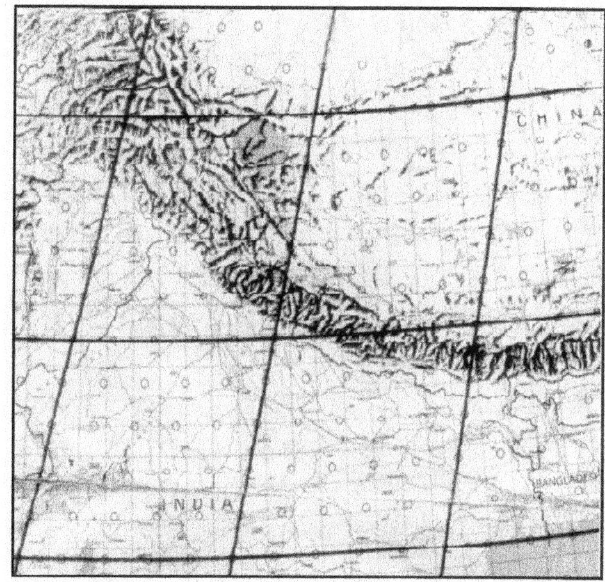

आकृती ४.१९ : लँडसॅटसाठी ओळ व स्तंभ संदर्भ
(PATH - Row System on Landsat)

5) उपग्रहाची स्थिरता व भ्रमणकक्षीय गुणधर्म (Satellite Stability and Orbit Characteristics)

6) पृथ्वीचे परिवलन व पृष्ठाचा बाक (Earth's Motion and Curveture)

पहिल्या तीन त्रुटी या विकिरणमितीय (Radiometric) व उरलेल्या भूमितीय (Geometric) स्वरूपाच्या आहेत. या सर्व त्रुटी सुधारून प्रतिमा मिळवली जाते.

सुधारित सांख्यिकी, संगणक अनुकूल फितींवर (Computer Compatible Tapes) नोंदवून त्याचे अंकीय (Digital) किंवा अनुरूपी (Analogue) स्वरूपात चित्र मिळवले जाते.

प्रतिमावापरकर्त्याला (User) प्रतिमा देताना त्यावर विशिष्ट माहिती नोंदलेली असते. याला प्रतिमेवर असलेली टिप्पणीपट्टिका (Annotation Strip) असे म्हटले जाते.

लँडसॅट उपग्रहप्रणाली (Landsat Satellites Method)

या मानवरहित उपग्रहप्रणालीमधला पहिला उपग्रह अमेरिकेने जुलै 1972मध्ये अंतराळात प्रक्षेपित केला. तेव्हा या उपग्रहाला ERTS म्हणजे Earth Resource Technology Satellite असे म्हटले जात असे. सुरुवातीला NASA या उपग्रहाची कार्यवाही करीत असे. 1983 मध्ये याची सर्व जबाबदारी NOAA (National Oceanic and Atmospheric Administration) कडे व 1985 मध्ये EOSAT (Earth Observation Satellite) या खाजगी कंपनीकडे देण्यात आली.

लॉस एंजेलिस व सान फ्रान्सिस्कोच्या दरम्यान असलेल्या कॅलिफोर्नियाच्या किनाऱ्यावरील व्हॅडेनबर्ग हवाई तळावरून डेल्टा रॉकेट्सच्या साहाय्याने लँडसॅट उपग्रह प्रक्षेपित केले गेले.

23 जुलै 1972, 29 जानेवारी 1975 व 5 मार्च 1978 रोजी लँडसॅट 1,2 व 3 असे तीन उपग्रह प्रक्षेपित करण्यात आले. या तीनही उपग्रहांचे कार्य आता थांबले असले तरी त्यांनी हजारो उपग्रहप्रतिमा मिळवून दिल्या

आहेत. या पहिल्या पिढीतील उपग्रहावर (First Generation Satellites), बहुवर्णपटल (MSS) व रिटर्न बीम (RBV) असे दोन संवेदक (Sensors) नेण्यात आले होते. दोन्ही संवेदकांनी वर्णपटलाच्या दृश्य व समीप अवरक्त विभागातील ऊर्जेचा वापर करून पृथ्वीपृष्ठाच्या प्रतिमा मिळविल्या.

सूर्यानुगामी (Sun Synchronous) असणाऱ्या या उपग्रहांनी त्यांच्या दिवसाच्या दक्षिणेकडील एकूण 14 कक्षामार्गांवर, तर रात्रीच्या उत्तरेकडील मार्गांवर रोज चित्रण केले. पृथ्वीच्या परीवलनामुळे रोजचा भ्रमणमार्ग थोडासा पश्चिमेकडे सरकल्यामुळे, संपूर्ण पृथ्वीचे चित्रण 18 दिवसांत म्हणजे 252 भ्रमण कक्षांत पूर्ण होईल. 81⁰ अक्षवृत्ताच्या वरील ध्रुवीय प्रदेशाचे चित्रण अर्थातच होऊ शकले नाही. 40 अंश अक्षवृत्तावर, 62 किमी अंतराचे म्हणजे 34% प्रदेशाचे द्विरुक्त चित्रण झाले. विषुववृत्तावर ही द्विरुक्ती केवळ 14% एवढीच होती. या द्विरुक्त प्रतिमांचा वापर पुढे त्रिमितस्वरूपातही करता आला.

पृथ्वीवरच्या त्याच प्रदेशाचे चित्रण दर 18 दिवसांनी झाले. 920 किमी उंचीवर असलेल्या या उपग्रहांना एक भ्रमण पूर्ण करायला 103 मिनिटे लागत. लॉस एंजेलिस इथल्या अक्षवृत्तावरून रोज सकाळी 10 वाजता लँडसॅट उपग्रह जात असल्यामुळे सकाळच्यावेळी असणारी क्षितिजावरची सूर्याची कमी उंची, व त्यामुळे प्रतिमेची छाया, स्पष्टपणा याबाबतीत वाढलेली प्रत यांमुळे या प्रतिमा खूपच उपयुक्त ठरत आहेत.

लँडसॅट 4 व 5 हे दुसऱ्या पिढीतील उपग्रह, 16 जुलै 1982 व 1 मार्च 1984 रोजी अवकाशात प्रक्षेपित केले गेले. हे आकाराने मोठे व पूर्वीच्या लँडसॅट उपग्रहांपेक्षा थोडे क्लिष्ट आहेत. यात MSS व TM (Thematic Mapper) म्हणजे विशिष्ट विषय मानचित्रक असे दोन संवेदक वापरले आहेत. हे उपग्रह केवळ 714 किमी उंचीवरून व एक भ्रमण 99 मिनिटांत पूर्ण करून चित्रण करतात.

संपूर्ण पृथ्वीचे चित्रण 16 दिवसांत केले जाते. यातील MSS संवेदकाची वियोजनक्षमता 80 किमी तर TM संवेदकाची क्षमता 30 किमी इतकी उच्च आहे.

विषुववृत्तापाशी, प्रदेशचित्रणात होणारी द्विरुक्ती (Side Lap) 7.6 % एवढीच आहे. लँडसॅट 5 ने दोन्ही संवेदकांमार्फत मिळविलेली अंकीय माहिती मार्च 1992 पर्यंत सतत मिळत होती.

लँडसॅट उपग्रहांनी बहुवर्णपटलीय सूक्ष्म समीक्षकांमार्फत चार पट्ट्यांत (Bands) माहितीचे संकलन केले जाते.

लँडसॅट उपग्रहांवरील MSS पट्टे

पट्टा (MSS Band)	तरंगलांबी (Micro Meter)	वर्ण	MSS प्रतिमेवरील रंग
4	.5 ते .6	हिरवा	निळा
5	.6 ते .7	लाल	हिरवा
6	.7 ते .8	परावर्तित अवरक्त	लाल
7	.8 ते 1.1	परावर्तित अवरक्त	लाल

पृथ्वीवरून परावर्तित झालेली ऊर्जा, वर्णक्रममापी (Spectrometer) च्या साहाय्याने वरील कोष्टकात दाखविल्याप्रमाणे 4 वर्णपट्ट्यात वेगळी करून चित्रित केली जाते. निळ्या रंगातील ऊर्जा प्राप्त केली जात नाही; कारण निळ्या रंगाच्या विकिरणामुळे चित्रणाचा दर्जा कमी होतो.

प्रत्येक प्रतिमेवर टिप्पणीपट्टिकेवर सर्व माहिती दिली जाते. ती पुढीलप्रमाणे असते.

LANDSAT/ ERTS उपग्रहप्रतिमेवरील टिप्पणीपट्टिका (Annotation Strip on Landsat / ERTS)

1) प्रतिमा घेतली तो दिनांक   उदाहरण
    (Date Image was Acquired)   12 OCT 76

2) प्रतिमेचा भौगोलिक मध्य (C), अंश/मिनिटे/अक्षांश/रेखांश
    (Geographic Centre of Image C) Degrees/ Minutes/ Lat Long CN 37-19/W 121-58

3) अवकाशयानाचा अधोबिंदू
    (Nadir of Spacecraft)   N N 37-20/W 121-46

4) बहुवर्णपटलीय समीक्षक प्रतिमा   M (or MSS)
    (Multispectral Scanner Image)

5) एम. एस. एस. चा वर्णपट्टा   4   5   6   7
    (MSS Spectral Band)

6) क्षितिजाच्यावर असलेली सूर्याची उंची (अंश)
    (Sun's Elevation Above Horizon, Deg.)   SUN EL 37

7) उत्तरेकडून, सव्य दिशेने, सूर्याचे दिगंश (अंश)
    (Sun's Azimuth from North in Clockwise (deg.)   AZ (orA) 142

8) अवकाशयानाच्या प्रगतीची दिशा (अंश)   189
    Spacecraft Heading (Deg.)

9) कक्षेतील परिभ्रमणाची संख्या   0550
    (Orbit Revolution Number)

10) पृथ्वीवरील संपर्क व नोंद केंद्र   G
    (Ground Recording Station)

11) विशिष्ट ओळख संकेत   2040-04542
    (Unique Frame Identification)

12) लँडसॅट (Landsat)   2

13) प्रक्षेपणानंतरचा काळ (दिवस)   040
    (Days Since Launch)

14) निरीक्षणाची वेळ तास (GMT)   04
    (Hour at Time of Observation)
    मिनिटे (Minutes)   54
    सेकंद (10 सेकंदाचा काळ) (Tens of Seconds)   2

विशिष्ट विषय मानचित्रक (TM) हा संवेदक काही तांत्रिक कारणांमुळे पूर्णपणे वापरता आला नाही; त्यापासून मर्यादित पण अतिशय उच्च दर्जाच्या प्रतिमा मिळाल्या. हा आरपार सूक्ष्म समीक्षक असला तरी MSS पेक्षा पुढील गोष्टींमुळे वेगळा ठरतो.

1) याची वियोजनक्षमता 30 मीटर आहे. (MSS ची 79 मीटर आहे.)
2) याचे चित्रण 7 वर्णपटल पट्ट्यांत होते. (MSS चे केवळ 4 पट्ट्यांतच होते.)
3) यात निळ्या रंगातील ऊर्जेचे चित्रण होऊ शकते.

4) यात एक औष्णिक अवरक्त पट्टा समाविष्ट आहे.

5) याच्या संवेदकाची क्षमता जास्त आहे. या संवेदकामार्फत पुढीलप्रकारे चित्रण मिळते.

विशिष्ट विषय मानचित्रक (Thematic Mapper)

पट्टा (Band)	तरंगलांबी (Micro Meter)	वैशिष्ट्ये
1	.45 ते .52	निळा-हिरवा रंग. उथळ पाणी, मृदा यांचे मापन.
2	.52 ते .60	हिरवा रंग. वनस्पतींचे मापन.
3	.63 ते .69	लाल रंग. वनस्पतींचे मापन.
4	.76 ते .90	परावर्तित अवरक्त. किनारपट्ट्यांचे मापन.
5	1.55 ते 1.75	परावर्तित अवरक्त.
6	10.40 ते 12.50	औष्णिक अवरक्त मृदेतील आर्द्रतामापन
7	2.08 ते 2.35	परावर्तित अवरक्त. खनिजे व खडक मापन.

ई. आर. एस. उपग्रह (ERS - 1 Satellite)

ERS म्हणजे European Remote sensing Satellite. हा उपग्रह युरोपिअन अवकाश अनुसंधानाने 17 जुलै 1991 मध्ये अवकाशात प्रक्षेपित केला. याचा मुख्य उद्देश पर्यावरणीय घटकांचे चित्रण करणे हा आहे. यामार्फत प्रगत लघुतरंगतंत्राचा वापर करून मेघाच्छादित प्रदेशांचेही उत्तम चित्रण केले जाते.

सूर्यानुगामी, ध्रुवसमीप कक्षेत, 785 किमी उंचीवरून हा उपग्रह चित्रण करतो. एक भ्रमण 100 मिनिटांत पूर्ण करतो. यात Active व Passive असे दोन्ही प्रकारचे 'संवेदक' असतात. इतर उपग्रहांप्रमाणे यांचा पुनर्भेट काळ (Revisit Period) निश्चित नसतो. 3 दिवस व 176 दिवस अशा कालांतराने तो पुन्हा त्याच प्रदेशाचे चित्रण करतो. मागणीनुसार चित्रण हा याचा उद्देश असल्यामुळे, उपग्रहांची उंची बदलून हे केले जाते.

स्पॉट उपग्रह (Spot Satellite)

अत्युच्च वियोजनक्षमता (10 मीटर) असलेला हा फ्रेंच उपग्रह फेब्रुवारी 1987 मध्ये अवकाशात प्रक्षेपित करण्यात आला. हा उपग्रहसुद्धा सूर्यानुगामी, ध्रुवसमीप (Near Polar) कक्षेत, 813 किमी उंचीवरून प्रतिमा देतो.

यातील एक संवेदक वर्णपट्ट्याच्या दृश्य विभागातील व समीप अवरक्त विभागातील ऊर्जा वापरून 20 मीटर वियोजन असलेल्या प्रतिमा देतो. दुसरा संवेदक श्वेतशाम प्रकारात, 10 मीटर वियोजनाच्या प्रतिमा देतो.

भारताने 1975 नंतर आत्तापर्यंत 50 पेक्षा जास्त कृत्रिम उपग्रह अवकाशात प्रक्षेपित केले आहेत. भारतीय अवकाश संशोधन अनुसंधान (ISRO : Indian Space Research Organisation)

आय.आर.एस. उपग्रहप्रणाली (IRS-Indian Remote Sensing Satellites)

या भारतीय उपग्रहप्रणालीची सुरुवात 17 मार्च 1988 रोजी झाली. या दिवशी IRS-1A हा उपग्रह व त्यानंतर IRS -1B हा दुसरा उपग्रह 29 ऑगस्ट 1991 रोजी अवकाशात प्रक्षेपित करण्यात आला.

IRS उपग्रह 904 किमी उंचीवर, ध्रुवसमीप, सूर्यानुगामी असलेले उपग्रह आहेत. प्रतिदिन सकाळी 10.30 वाजता हे उपग्रह त्यांच्या दक्षिणेकडील मार्गावर असताना विषुववृत्त ओलांडतात. एका दिवसात 103 मिनिटांची 14 भ्रमणे हे उपग्रह पूर्ण करतात. एकूण 308 भ्रमणकक्षात, 22 दिवसांत पृथ्वीचित्रणाचे एक चक्र पूर्ण होते.

या उपग्रहावर दोन प्रगत संवेदक बसविलेले आहेत, LISS -I आणि LISS-II (Linear Imaging and Self Scanning) संवेदकांची वियोजनक्षमता 72.5 मीटर आहे. यातील कॅमेरा प्रणाली बहुवर्णपटलीय सूक्ष्म समीक्षक स्वरूपाची असून ती .48 ते .86 मायक्रोमीटर तरंगलांबीच्या ऊर्जेत चित्रण करते. त्यांची उपयुक्तता पुढीलप्रमाणे –

पट्टा (Band)	तरंगलांबी (Micro Meter)	उपयोजन (Application)
1	.45 ते .52	सागरी पर्यावरण
2	.52 ते .59	हिरव्या वनस्पती. खडक व मृदा प्रदेश
3	.62 ते .68	वनस्पर्तींचे प्रकार
4	.77 ते .86	जलाशये, भूरूपे.

IRS-IC हा उपग्रह 28 डिसेंबर 1995 या दिवशी प्रक्षेपित करण्यात आला. 817 किमी उंचीवर असलेला हा ध्रुवसमीप, सूर्यानुगामी उपग्रह रोज 14 भ्रमणे पूर्ण करतो. प्रत्येक भ्रमणमार्ग पृथ्वीच्या परिवलनामुळे 2820 किमी अंतराने पश्चिमेकडे सरकतो. त्यामुळे 24 दिवसानंतर संपूर्ण पृथ्वीचे चित्रण पूर्ण होते. (प्रत्येक भ्रमणमार्ग 117.5 किमी अंतरावर येतो.)

मार्गानुगामी सूक्ष्म समीक्षक (Pushbroom) वापरून चित्रण केले जाते. यात तीन संवेदक वापरले आहेत.

1) श्वेतश्याम संवेदक (PAN : Panchromatic)

10 मीटर वियोजनाचे व 70 किमी भूपट्ट्याचे (Swath) चित्रण करण्यासाठी हा संवेदक कॅमेरा वापरला जातो. 0.50 ते 0.75 मायक्रॉन्स तरंगलांबीच्या ऊर्जापट्ट्यात चित्रण करताना, कॅमेरा +26 अंशात वळवताही येतो.

2) LISS III संवेदक

या बहुवर्णपटलीय सूक्ष्म संवेदकामार्फत .52 ते .59 व .62 ते .68 मायक्रोन्सच्या क्षेत्रात तसेच .77 ते .86 (समीप अवरक्त) आणि 1.55 ते 1.70 (अवरक्त) पट्ट्यात हा संवेदक चित्रण करतो. यात 23 मीटर वियोजन क्षमतेने 141 किमी भूपट्ट्यांची रुंदी चित्रित होते.

3) विस्तृत क्षेत्रसंवेदक (WIFS : Wide Field Sensor)

हा संवेदकही दृश्य व समीप अवरक्त पट्ट्यातील ऊर्जेच्या साहाय्याने चित्रण करतो.

IRS - P3 उपग्रह

21 मार्च 1996 मधे श्रीहरीकोटाच्या केंद्रावरून या उपग्रहाचे प्रक्षेपण झाले. यासाठी भारतातच बनवलेला PSLV - D3 हा प्रक्षेपक वापरला गेला.

यावर MOS : Modular Optoelectronic Scanner हा संवेदक व विस्तृत क्षेत्र WIFS संवेदकही वापरला जातो.

IRS - ID

PSLV- प्रक्षेपकाद्वारे 29 सप्टेंबर 1997 रोजी याचे प्रक्षेपण करण्यात आले. हा उपग्रहही 780 किमी उंचीवर असून IRS- IC प्रमाणेच यावर पॅन, लिस थ्री व विफ्स हे संवेदक आहेत. ह्या उपग्रहप्रतिमा विशेषकरून पुढील क्षेत्रात जास्त उपयुक्त ठरत आहेत.

1) पिकाखालील क्षेत्र व पीक उत्पादनक्षमता.
2) दुष्काळ क्षेत्र निश्चितीकरण.
3) नागरी वस्त्यांचे मानचित्रण.
4) जंगलक्षेत्र निर्धारण.
5) पाणी, मृदा व खनिज प्रदेश.

IRS उपग्रहांच्या सर्व प्रतिमांवर टिप्पणीपट्टिका जोडलेली असते; ती पुढीलप्रमाणे -

IRS उपग्रह प्रतिमेवरील टिप्पणीपट्टिका (Annotation Strip on IRS Images)

1) उपग्रह (Satellite)
2) प्रतिमेचा प्रकार (Product Type)
3) सांख्यिकी प्राप्तीकरणाचा दिवस व वेळ (Date and Time of Data Acquisition)
4) संवेदक (Sensor Used)
5) प्रतिमेचा उपविभाग (Sub Scene)
6) वर्णपट्ट्याचे क्रमांक (Band Numbers)
7) प्राप्तीकरणाच्या वेळेची जुळणी (Gain Settings)
8) समीक्षणमार्ग व ओळ क्रमांक (Path and Row Number)
9) प्रतिमेचे केंद्र (अक्षवृत्त-रेखावृत्त) (Format Centre, Lat / Long)
10) सूर्याची उंची व दिगंश (Sun's Elevation and Azimuth)
11) पुनर्प्रतिदर्शिकरण पद्धती (Resampling Method)
12) नकाशा प्रक्षेपण (Map Projection)
13) सुधारणा (Enhancement)
14) कक्षाचक्र व दिवस (Orbit Cycle and Day)
15) भ्रमणकक्षा क्रमांक (Orbit Number)
16. दृश्य चित्राचा मध्य (सहसंदर्भ) Scene Centre (Co-Ordinates)
17. भौगोलिक चिन्हे (Geographic Marks)
18. पृथ्वीवरील सांख्यिकी मिळविण्याचे ठिकाण (Name of Data Receiving Station)
19. प्रतिमा आरेखन करणारी संस्था (Product Generating Agency)
20. प्रतिमा आरेखन तारीख (Product Generation Date)
21. उपग्रह संकेतक (Satellite Identification)

IRS - P4 (Oceansat) (ओशनसॅट) व रिसोर्स सॅट हे भारताचे दोन नवीन महत्त्वाकांक्षी व बहुउपयोगी उपग्रह आहेत.

ड) माहिती जालावर उपलब्ध असलेल्या मुक्त प्रणालींचा भौगोलिक माहिती प्रणाली व दूर संवेदन यांत होणारा उपयोग (Use of open source softwares available on Internet for GIS and RS)

अमेरिकेतील रिचर्ड स्टॉलमन यांनी 1984 मध्ये मुक्त प्रणाली (Open Source Software) अंतर्गत प्रकल्प उभारला आणि 'फ्री सॉफ्टवेअर फाउंडेशन'ची स्थापना केली. तेव्हापासून अनेक देशांत मुक्त प्रणालीचा खूप वापर होऊ लागला. भारतात मात्र अद्यापही याचा वापर फारसा वाढलेला नाही. कारण अनेकांना असलेले याचे ज्ञान खूप कमी आहे.

संगणकीय तंत्रज्ञान किंवा डिजिटल तंत्रज्ञान यामध्ये आपण वास्तविक यापूर्वीच अँड्रॉइड मोबाइल, फायरफॉक्स ब्राऊजर (इंटरनेट वापरासाठी), विकिपीडिया ज्ञानकोश अशा कित्येक गोष्टी फ्री अँड ओपन सोर्स सॉफ्टवेअर (फॉस) अर्थात मुक्त प्रणालीमधीलच वापरत आहोत. आता QGIS, SAGA GIS, GRASS, ILWIS, MapWindow, Diva GIS, SURFER, GLOB-L M-PPER अशा मुक्त प्रणालींचा उपयोग भौगोलिक माहिती प्रणाली व दूर संवेदन यांत मोठ्या प्रमाणावर होऊ लागला आहे. या प्रणाली संगणकाच्या वापरकर्त्याला मुक्त ठेवतात. मुक्त प्रणाली आपला उगम कार्यक्रम इंटरनेटवर जाहीर करतात. तो सतत अनेक तज्ञांच्या देखरेखीखाली असतो. त्यामुळे कोणताही धोका निर्माण होण्याची शक्यता जवळजवळ नसतेच.

मुक्त प्रणालीमध्ये वापरकर्त्याला सोर्स कोड मिळतो. त्यामुळे त्यातील सॉफ्टवेअरमधे आपल्या आवश्यकतेनुरुप बदल करता येतात. शिवाय देशातील स्थानिक भाषांतही ते विकसित केले जाऊ शकतात. यासाठी केरळ राज्याचे उदाहरण देता येईल. या राज्यात शैक्षणिक, व्यावसायिक अशा सर्व क्षेत्रांत बहुतांश मुक्त प्रणालीच वापरली जाते. विकिपीडिया, फायरफॉक्स, अँड्रॉइड ऑपरेटिंग सिस्टम अशी मुक्त प्रणालीच्या वापराची अनेक उदाहरणे आहेत. तसेच भारतातील सर्व न्यायालये, एलआयसी, अनेक सरकारी संस्था तसेच कित्येक राज्यांतील सरकारी कार्यालयांतही मुक्त प्रणालीचाच वापर होतो.

केवळ थोड्याशा तांत्रिक ज्ञानाच्या आधारे किंवा तांत्रिक सहकार्याने अभ्यासक आपला मोठा खर्च वाचवून भौगोलिक माहिती प्रणाली व दूर संवेदन या मुक्त प्रणालींचा विनासायास वापर करू शकतात. प्राकृतिक भूगोल, मानवी भूगोल, भूरूपशास्त्र, हवामानशास्त्र, सागरविज्ञान, भूजलशास्त्र अशा विविध शाखांतील समस्यांच्या निराकरणासाठी त्यांचा परिणामकारक उपयोग करता येतो असे आढळून आले आहे. संपर्क मार्गांचे जाळे, समस्या सोडविण्याची निर्णय प्रक्रिया, एखादया प्रदेशाचे किंवा तापमान, पर्जन्यमान, क्षारता अशा घटकांचे त्रिमित स्वरूप दाखविणे अशा विशिष्ट उद्देशांसाठीही आज अनेक मुक्त प्रणाली उपलब्ध आहेत. जाळी प्रतिमान (Raster image) व सदिश प्रतिकृती (Vector model) यासाठी वेगवेगळ्या मुक्त प्रणाली वापरता येतात.

Arc GIS, Idrisi, Auto cad सारख्या प्रणाली परवाना आवश्यक असलेल्या बंदिस्त प्रणाली (Closed Source Software) असून त्यांची उपग्रह प्रतिमांच्या विश्लेषणाची क्षमता व आवाका मुक्त प्रणालींपेक्षा खूप मोठा असतो. अर्थातच त्यांच्या किमतीही जास्त असतात. मुक्त प्रणालींमध्ये काही सुविधा कमी असल्या तरी आजकाल उपग्रह प्रतिमा, हवाई छायाचित्रे यांच्या अभ्यासात त्यांचाही खूप चांगल्या प्रकारे उपयोग करून घेतला जात आहे. काही प्रणाली बंदिस्त आणि मुक्त अशा दोन्ही प्रकारात उपलब्ध होऊ शकतात.

प्रकरण 5

भौगोलिक सांख्यिकी व विश्लेषण
(Geographical Data and Analysis)

कोणत्याही शास्त्राचा अथवा विज्ञानाचा उद्देश हा घटनांची कारणमीमांसा अथवा स्पष्टीकरण करणे असतो. फक्त वस्तुस्थितीचे वर्णन करणे किंवा आपणास जे दिसते अथवा अनुभवास येते त्याचे फक्त वर्णन करणे असा नसतो. त्यात कारणमीमांसा किंवा स्पष्टीकरण अथवा घटनांच्या मागील कार्यकारण भाव यांचे वर्णन नसेल तर ते निरूपयोगी ठरेल. भौगोलिक परिस्थितीच्या अभ्यासात विचारपूर्वक व सखोल स्पष्टीकरणाची अत्यंत आवश्यकता असते. भूगोलाच्या अभ्यासामध्ये घटकांचे/भौगोलिक गुणधर्म किंवा अवकाशिक (spatial) गुणधर्म यांचे विचारपूर्वक केलेले स्पष्टीकरण तसेच त्यांच्यातील परस्परसंबंध याचे वैज्ञानिक स्पष्टीकरण अत्यंत आवश्यक बनते. अशा प्रकारचे स्पष्टीकरण देण्यासाठी भौगोलिक आकडेवारीचे विविध संख्याशास्त्रीय पद्धतींनी विश्लेषण करावे लागते.

संख्याशास्त्रीय विश्लेषणाचे ढोबळ मानाने दोन प्रकार पडतात. (1) वर्णनात्मक व (2) अनुमानात्मक. यांपैकी वर्णनात्मक पद्धती या आकडेवारीच्या स्वरूपात माहिती संकलन करून वापरली जाते. अनुमानात्मक किंवा निष्कर्षात्मक संख्याशास्त्र मात्र संभाव्य विधान अथवा विधाने करण्यासाठी उपयोगी ठरते. तसेच त्याचा उपयोग चलांमधील विविध संबंध, त्यांच्यातील अवलंबित्व वा एखाद्या विधानाबाबत संभाव्यतेच्या भूमिकेतून केलेले वर्णन यासाठीसुद्धा करता येतो. या प्रकारचे विश्लेषण मोठ्या गटातून निवडलेल्या एका नमुन्यावरून, मोठ्या गटातील गुणधर्माबाबत करता येते, ही खास महत्त्वाची बाब आहे. एखाद्या परिमाणाची किंमत माहित नसल्यास ती नमुना संचावरून बिंदू अंदाज पद्धती (Point estimation method) वापरून काढणे वा विविध प्रकारच्या विधानांची सत्यअसत्यता पडताळून पाहणे याकरितासुद्धा अनुमानात्मक संख्याशास्त्राचा (Inferential Statistics) वापर करता येतो. खालील उदाहरणावरून दोन्ही पद्धतींतील फरक स्पष्ट करता येईल.

समुद्रकिनाऱ्यावर उघड्या पडलेल्या विविध दगडगोट्यांच्या लांबीचे सेंमी मधे मोजमाप करून मिळालेली माहिती पुढे दिली आहे.

नमुना 1	नमुना 2
8	7
16	8
12	10
13	12
16	14
14	9
16	13
11	6
15	9
13	10

याची वर्णनात्मक सांख्यिकी

	नमुना 1	नमुना 2
सरासरी	13.4	9.8
मध्यगा	13.5	9.5
बहुलक	16	10
प्रमाणित विचलन	2.59	2.57
प्रचरण	6.71	6.62

निष्कर्षात्मक सांख्यिकी

सहसंबंध गुणांक = 0.597

सहप्रचरण = 3.58

या आकडेवारीवरून विविध प्रकारची वर्णनात्मक सांख्यिकी काढता येते. उदा. सरासरी, मध्यगा (Mean, Median) व बहुलक (Mode) प्रमाणित विचलन (Standard deviation) इत्यादी. वरील माहिती उपयोगी आहे याबाबत दुमत असण्याचे काही कारण नाही; परंतु ही माहिती विविध प्रकारच्या प्रक्रिया अथवा दगडगोट्यांच्या वितरणावर होणाऱ्या परिणामाबाबत काहीही भाष्य करण्यास असमर्थ ठरते. अशा प्रकारच्या अभ्यासासाठी त्यातील संबंधांचे विश्लेषण करणे आवश्यक ठरते. असे विश्लेषण करण्यासाठी सहसंबंध विश्लेषण (Correlation Analysis), समाश्रयण (Regression) किंवा गृहीततत्त्व चाचणी (hypothesis testing) या अनुमानात्मक व निष्कर्षात्मक संख्याशास्त्राच्या पद्धती वापराव्या लागतात.

वरील उदाहरणावरून ही बाब लक्षात येते की, या दोन्हीही विश्लेषणाच्या पद्धतींची, वैज्ञानिक दृष्टिकोनातून भौगोलिक घटना वा परिस्थितीचा ऊहापोह करताना गरज लागते.

निष्कर्षात्मक पद्धती ही कोणत्याही संशोधन कार्याचे अविभाज्य अंग आहे. भौगोलिक अभ्यासामध्ये कार्यकारणभावाचे शोधन अत्यंत परिणामकारकरीत्या करताना माहिती ही आकडेवारीच्या स्वरूपातच गोळा केली जाते व त्याचे विश्लेषण संख्याशास्त्रीय पद्धती वापरून केले जाते.

काही काही घटना अथवा निरीक्षणे विविध प्रकारे मांडता येतात. (पश्चिम घाटातील डोंगर वा टेकड्यांचे

उतार हे हिमालयातील डोंगररांगा अथवा टेकड्यांच्या उतारापेक्षा जास्त तीव्र, कमी तीव्र असे वर्णन करता येते. त्याचप्रमाणे पश्चिमघाटातील जंगलाची घनता दाट, विरळ, खूप दाट अशा प्रकारे वर्णन करता येते.) अशा प्रकारचे वर्णन हे गुणात्मक आणि सापेक्ष असते. हे वर्णन जास्त वैज्ञानिक आणि निरपेक्ष करण्यासाठी सांख्यिकी पद्धती (Quantitative Methods) आवश्यक ठरतात. यापूर्वीच्या चर्चेत वर्णन केल्याप्रमाणे विविध प्रकारच्या चलांमधील परस्परसंबंध विश्लेषण करून सांगता येतात तसेच या संबंधांबाबतच्या दाव्यांची सत्यअसत्यता ही देखील पडताळून पाहता येते. (उदा. जमिनीची धूप होण्याचा वेग हा चढ व उताराचे स्वरूप, पावसाचे प्रमाण, मातीचा प्रकार, जंगलाचे प्रमाण इत्यादींवर अवलंबून असतो.)

भूगोलातील संख्याशास्त्रीय विश्लेषणाचा मुख्य पाया हा निरीक्षणात्मक किमती अथवा मोजमाप करून मिळविलेल्या प्रत्यक्ष किमती किंवा आकडेवारी असतो. या किमती अथवा आकडेवारीच्या माहितीचे टप्प्याटप्प्याने विश्लेषण करून वैज्ञानिक सत्य आकाराला येते. उदा. एखाद्या स्थानाची समुद्रसपाटीपासूनची सरासरी उंची 50 मी आहे आणि हवेचा वातावरणीय दाब 980 mb आहे आणि दुसऱ्या स्थानाची समुद्रसपाटीपासूनची उंची 100 मी व वातावरणातील हवेचा दाब 960 mb आहे, तर तिसऱ्या ठिकाणी या दोन्ही गोष्टी अनुक्रमे 120 मी व 920 mb आहेत. वरील माहितीचे विश्लेषण करता असे लक्षात येते की समुद्रसपाटीपासूनची सरासरी उंची आणि हवेचा दाब या दोहोत ऋण संबंध आहे. जसजसे आपण समुद्रसपाटीपासून जास्त उंचीवर जातो तसतसा हवेचा दाब हा कमी कमी होत जातो.

भौगोलिक माहितीचे विश्लेषण ही चार टप्प्यांची प्रक्रिया आहे. हे चार टप्पे खालीलप्रमाणे.

(1)	माहितीचे (आकडेवारीचे) संकलन
(2)	आलेखाच्या विविध पद्धतींद्वारे माहितीचे सादरीकरण
(3)	माहिती वा आकडेवारीचे विश्लेषण
(4)	माहिती व आकडेवारीच्या विश्लेषणानंतर निष्कर्ष वा अनुमान

अ) भौगोलिक माहितीचे किंवा आकडेवारीचे स्वरूप

कोणत्याही भौगोलिक अभ्यासामध्ये उपयोगात येणाऱ्या माहितीसाठ्याची महत्त्वाची अंगे खालीलप्रमाणे सांगता येतील.

(1)	आकडेवारी ही भौगोलिक विभाग, उपविभाग, प्रभाग येथे गोळा करण्यात येते. (जसे राज्य, जिल्हा, खेडे अभिक्षेत्रीय) या सर्वांमुळे माहितीसाठ्यामध्ये विविधता येते.

(2)	अंकीय माहिती ही भूशास्त्रीय वा भौगोलिक स्थानाशी संबंधित असल्यामुळे ती अक्षांश वा रेखांश संदर्भित असते.

(3)	दुय्यम माहितीसाठा हा प्रामुख्याने अहवाल, हस्तपुस्तिका, विविध प्रकारच्या गणना, सर्वेक्षण (ज्यामध्ये सामाजिक, आर्थिक, जनगणना यांचा अंतर्भाव होतो) यांमधून गोळा केला जातो, तर प्राथमिक माहितीसाठा हा संशोधन स्थळावर जाऊन थेट मोजणी करून व अन्य वैज्ञानिक पद्धती वापरून गोळा केला जातो.

(4)	आकडेवारी ही खंडीत पद्धतीत (discrete format) (उदा. मोजदाद करण्यायोग्य पद्धतीत, स्वरूपात; जसे की, एखाद्या विभागातील घरांची संख्या, एखाद्या राज्याची लोकसंख्या इत्यादी) अथवा सलग पद्धतीत (continuous format) (उदा. मोजमाप पद्धतीत), जसे की घरांघरातील अंतर, झाडांची उंची, टेकडीचा चढ किंवा उतार इत्यादीत गोळा करता येते.

या दोन पद्धतींतील प्रमुख फरक म्हणजे खंडीत पद्धतीतील निरीक्षणे ही पूर्णांक स्वरूपात असतात. तर सलग पद्धतीतील निरीक्षणे ही दशमान किंवा दशांश पद्धतीत वा अपूर्णांक स्वरूपातसुद्धा नोंदविली जातात. सलग पद्धतीत माहितीसाठा हा थेट (प्रत्यक्ष) किंवा अप्रत्यक्ष अशा दोन्ही पद्धतीने गोळा करता येतो. उदा. उंची, क्षेत्रफळ, अंतर (थेट पद्धत), तापमान- तापमापकातील पाऱ्याचे स्थान (अप्रत्यक्ष पद्धत).

खंडीत माहितीपद्धतीत निरीक्षण किमती ह्या पूर्णांक असतात. या पद्धतीत किमती या प्रत्यक्ष मोजदाद (Counting) करून मिळतात. सलग पद्धतीत किमती मोजमाप (Measurement) करून मिळविल्या जातात.

सारणी 1 : खाडी किनारी मोजलेल्या खारफुटी वृक्षांची संख्या (ही सर्व आकडेवारी खंडीत श्रेणी Discrete series स्वरूपात आहे.)

25	12	8	42
20	35	4	16
12	45	14	20
14	20	23	18
16	22	38	19

सारणी 2 : खारफुटी वृक्षांची सरासरी उंची मीटर मध्ये (ही सर्व आकडेवारी सलग श्रेणी (Continuous Series) स्वरूपात आहे.

3.4	1.4	4.2	2.3
5.1	1.5	3.6	3.2
1.8	2.9	1.2	3.3
2.3	2.7	1.4	4.1
2.2	3.0	1.5	1.1

(5) भौगोलिक माहितीसाठा हा नकाशावाचन पद्धतीवरूनही मिळवता येऊ शकतो. उदा. भारतीय सर्वेक्षण विभागाचे स्थलरूपिक नकाशे वापरून.

(6) काही अभ्यासामध्ये माहिती ही मौखिक मुलाखतीआधारे प्रश्नावली भरून गोळा केली जाते.

(7) भौगोलिक माहितीसाठा हा भागशः वेगळा करता येतो अथवा त्याचे संग्रहीकरण करता येते.

(8) भौगोलिक माहितीसाठा हा अवकाश-काळ (Space-time) या पद्धतीत नोंदविलेला असतो (उदा. एखाद्या ठरावीक प्रदेशाची ठराविक वर्षाची लोकसंख्या).

(9) भौगोलिक माहितीसाठ्यातील अंकीय किमती ह्या शून्यमितिय (बिंदू) एकमितिय (रेषा, रेषाखंड), द्विमितिय (क्षेत्रफळ), त्रिमितिय (घनफळ) अथवा बहुमितिय (अवकाश-काळ) असू शकतात.

(10) भौगोलिक माहितीसाठ्यात क्रम व प्रमाण यांचा प्रामुख्याने अंतर्भाव असतो. माहितीतील विविध गुणधर्मांचे मोजमाप हे विशिष्ट एककांमध्ये केलेले असते. उदा. मीटर, मिलिबार, हेक्टापास्कल इत्यादी. समान गुणधर्मांची तुलना होऊ शकते. उदा. कृषिघनता. जर माहितीसाठ्यामध्ये क्रमवारी नसेल तर ती विशिष्ट वैज्ञानिक पद्धती वापरून निर्माण करावी लागते.

(11) आकडेवारी गोळा करताना विविध चलांचे मोजमापही विविध पद्धती वापरूनच करावे लागते; परंतु या मोजमापाचा दर्जा सर्वत्र सारखा ठेवावा लागतो. म्हणून मोजणी स्तर हा प्रत्यक्ष माहितीसाठा वा आकडेवारी गोळा करण्यापूर्वी ठरवावा लागतो.

मोजणीचे स्तर : निष्कर्षात्मक विश्लेषण पद्धती काही अंशी मोजणी स्तरावर अवलंबून असतात. खालील चार मोजणी पद्धती चढत्या दर्जानुसार सर्वसामान्यपणे वापरल्या जातात.

(1) **नामदर्शक अथवा वर्गीकरणकृत पद्धत (Nominal or Classificatory Scale) :** निरीक्षणे जेव्हा वेगवेगळ्या परंतु शून्य सामायिकता असणाऱ्या गटांमध्ये वर्गीकृत करता येतात, तेव्हा या पद्धतीचा वापर केला जातो. (व्यक्तींचे व्यवसायानुसार केले जाणारे वर्गीकरण तसेच प्रवाहांचे श्रेणीनुसार केले जाणारे वर्गीकरण ही या पद्धतीची उदाहरणे होत.) ही सर्वांत कमी प्रतीची मोजणी पद्धत आहे. या पद्धतीत उपगटातील सदस्य हे समान गुणधर्माचे असणे आवश्यक असते.

(2) **क्रमसूचक पद्धती (Ordinal or Ranking Scale) :** ही मागील पद्धतीपेक्षा वरच्या दर्जाची पद्धती आहे. या पद्धतीत उपगटांना एकमेकांपेक्षा वर खाली अशा पद्धतीने क्रमांक देण्याची सोय आहे. (उदा. सर्वांत मोठ्या शहराला क्रमांक 1) त्यापेक्षा लहान शहराला क्रमांक 2) अशा पद्धतीने वर्गीकरण करता येते) काही काही वेळा मात्र दोन निरीक्षणांची मोजपट्टीवरील किंमत समान असते. अशा वेळी दोन्ही निरीक्षणांना योग्य तो क्रमांक विभागून द्यावयाचा असतो. विभागून क्रमांक दिलेली निरीक्षणे वगळता अन्य सर्व ठिकाणी एकापाठोपाठच्या दोन निरीक्षणाच्या क्रमांकातील फरक एक एकक असतो.

(3) **वर्गांतर पद्धत (Interval Scale) :** ही मागील दोन पद्धतींपेक्षा आणखी उच्चस्तरावरील मोजणी पद्धत आहे. या पद्धतीत फक्त किमतीची चढत्या किंवा उतरत्या श्रेणीने नोंदणी करतात असे नाही तर त्याचबरोबर दोन निरीक्षणांतील किमतींतील फरक हा स्थिर नसून तो एक चल असतो.

(4) **गुणोत्तर पद्धत (The Ratio Scale) :** ही पद्धत सर्व पद्धतींमध्ये उच्चतम पद्धत आहे. या पद्धतीत मोजणी ही एका विशिष्ट पायाभूत किमतींच्या गुणोत्तराने मोजली जाते. उदा. कारखाना अ आणि कारखाना ब यांच्या बाजारापासूनच्या अंतराचे गुणोत्तर 5/10 किमी. आहे. हेच गुणोत्तर 8/16 मैल असेही येईल. परंतु गुणोत्तराची किंमत दोन्हीही वेळेस 1/2 च राहते. या पद्धतीत एक फार मोठा फायदा म्हणजे मोजणी कोणत्याही एककात असली तरी अंतिम उत्तर मात्र तेच राहते.

ब) वारंवारीता आणि माहितीचे सादरीकरण (Frequency Distributions)

सारणी 1 व 2 यांचा बारकाईने अभ्यास केला असता असे दिसून येते की काही किमती या वारंवार आलेल्या आहेत. भौगोलिक अभ्यासातील माहितीसाठ्यामध्ये ही प्रवृत्ती नैसर्गिक वा उपजत असते. काही वेळा विशिष्ट घटना एखाद्या स्थळी अथवा विभागात वारंवार घडताना दिसते. उदा. गोहत्ती शहराजवळ ब्रह्मपुत्रा नदीला येणारा पूर अथवा पूर्वोत्तर किनाऱ्याजवळ होणारी चक्रीवादळे.

वारंवारता ही एखादी किंमत सांख्यिकीत किती वेळा आली किंवा एखादी घटना किती वेळा घडली याचे निर्देशक असते व त्यामुळे ती मोजता येते व ती खंडीत पद्धतीने मोजली जाते. (काही वेळा अपवादात्मक परिस्थितीत घटनेच्या वारंवारतेऐवजी वारंवारतेची टक्केवारी अथवा एकूण घटनांपैकी अभ्यासात असलेली घटना किती वेळा घडली याचे गुणोत्तरही काढले जाते. ही किंमत मात्र अपूर्णांकात असते.) वारंवारता वितरण म्हणजे विविध निरीक्षणांच्या किमतींचे विविध गटांत अथवा वर्गांत वर्गीकरण करणे होय. प्रत्येक गटात येणाऱ्या निरीक्षणांची संख्या मोजली जाते. ही संख्या म्हणजेच त्या गटाची अथवा वर्गाची वारंवारता होय. गोळा केलेली आकडेवारी मग वेगवेगळ्या गटात वा वर्गात वर्गीकृत केली जाते. हे वर्ग अथवा गट यांचा विस्तार भौगोलिक अभ्यासाचा प्रकार, पूर्वानुभव यावरून ठरविली जाते. सर्वसाधारणपणे अशा गटांची संख्या 5 ते 10 यांमधील असते. वर्गीकरणाचे काम दंड चिन्ह (Tally Mark) वापरून केले जाते. अशा प्रकारे तयार झालेल्या सारणीला वारंवारता सारणी म्हणतात. सारणी 1 मधील माहितीसाठ्याची वारंवारता सारणी खालीलप्रमाणे तयार करता येते.

सारणी 3 : खारफुटी वृक्षांचे वितरण

वर्ग	दंड चिन्ह	वारंवारता	संकलित वारंवारीता	संकलित वारंवारीता
1-10	II	2	2	20
11-20	IIII IIII I	11	13	18
21-30	III	3	16	7
31-40	II	2	18	4
41-50	II	2	20	2

अशा प्रकारे वृक्षांची संख्या या चलाची विविध गटांत विभागणी करता येते. वरील सारणीचे निरीक्षण करता असे निदर्शनास येते की कमीत कमी संख्या 04 आहे तर जास्तीत जास्त संख्या 45 आहे. त्यामुळे एकूण फरक हा 41 आहे. ही अंकीय माहिती गटात वा वर्गात वर्गीकृत करताना गटांची संख्या/अथवा वर्गांची संख्या ही सामान्यपणे या फरकावर अवलंबून असते. या उदाहरणात माहितीसाठा हा पाच गटांत विभागला आहे.

प्रत्येक गटाची वा वर्गाची न्यूनतम सीमा आणि अधिकतम / उच्चतम सीमा ही अंकीय माहितीसाठा, टप्पा पद्धतीची आहे की सलग पद्धतीची आहे यावरून ठरविण्यात येते. वारंवारता सारणी तयार करताना वर्गांच्या वा गटांच्या सीमा ह्या अशा रितीने निवडल्या जातात की आकडेवारीयुक्त माहितीतील न्यूनतम किंमत ही पहिल्या गटात वर्गीकृत होईल व अधिकतम किंमत ही शेवटच्या गटात वर्गीकृत केली जाईल. जर गटाची वा वर्गाची अधिकतम सीमा ही पुढील गटाच्या न्यूनतम सीमेशी मिळत असेल व ही बाब सर्व गटांच्या बाबतीत घडत असेल तर अशा प्रकारच्या विभागणीत गटाची सीमा व गटाची मर्यादा ह्या सारख्या असतात.

खंडीत मोजणी पद्धतीने गोळा केलेल्या अंकीय माहितीसाठ्याच्या वारंवारता वितरणात वर्ग सीमा आणि गट मर्यादा वेगळ्या असतात. या प्रकारात गटाची अधिकतम सीमा ही पुढील गटाच्या न्यूनतम सीमेशी मिळत नाही. या दोन्हीही निरनिराळ्या असतात. सलग सांख्यिकीत दशांश चिन्ह योग्य ठिकाणी ठेवणे महत्त्वाचे ठरते. सामान्यतः दशांश चिन्हाची जागा ही अंकीय माहितीसाठ्यातील संख्यांत असणाऱ्या दशांश चिन्हाच्या स्थानापेक्षा किमान एकने जास्त असते. सारणी 2 मधील सलग माहितीचे वारंवारता वितरण खाली दाखविले आहे.

सारणी 4 : खारफुटी वृक्षांची उंची (वारंवारीता वितरण)

वर्ग	दंड चिन्ह	वारंवारता	संकलित वारंवारीता	संकलित वारंवारीता
0.01-1.1	I	1	1	20
1.11-2.1	IIII I	6	7	19
2.11-3.1	IIII I	6	13	13
3.11-4.1	IIII	5	18	7
4.11-5.1	II	2	20	2

वारंवारतेची विभागणी, आलेखाचा वापर करूनही दाखवता येऊ शकते. अशा प्रकारे आलेखरूपी वारंवारता वितरण सादर करण्याच्या पद्धतींपैकी एक म्हणजे स्तंभालेख पद्धत (Histogram Method) होय. या सादरीकरण पद्धतीत वितरणाचे गुणधर्म थोडे आणखी स्पष्ट स्वरूपात लक्षात येतात. हा स्तंभालेख खालील पद्धतीने

काढतात.

(अ) वारंवारतेची मांडणी 'य' अक्षावर तर गटांच्या मर्यादा 'क्ष' अक्षावर मांडल्या जातात. यासाठी योग्य ती मोजविभागणी पद्धत वापरली जाते.

(ब) गटाच्या सीमा हा पाया घेऊन उभे स्तंभ काढले जातात. या स्तंभांची उंची ही त्या त्या गटांच्या वारंवारतेइतकी असते. मात्र त्याची रुंदी ही सर्वत्र सारखी असते.

(क) हे स्तंभ एकमेकांना लागून अथवा चिकटून काढले जातात. ते एकमेकांपासून स्वतंत्र नसतात.

(ड) अ व ब या पायऱ्यांची सर्व गट संपेपर्यंत पुनरावृत्ती केली जाते. शेवटी तयार होणारा आलेख म्हणजे स्तंभालेख होय.

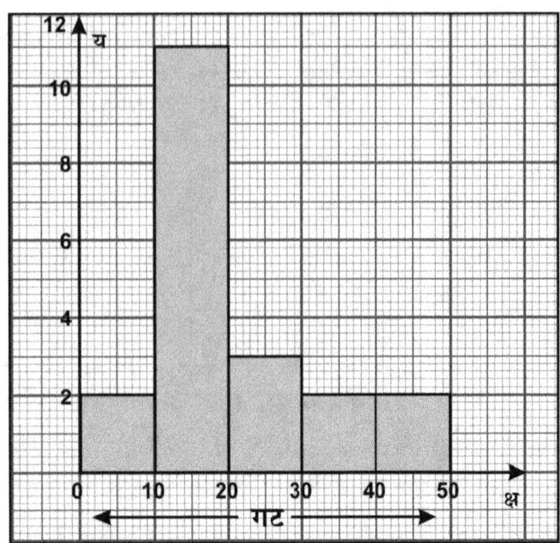

आकृती ५.१

वारंवारता विभागणी सारणी आलेखाद्वारे सादर करण्याची आणखी एक पद्धत म्हणजे वारंवारता बहुभुजाकृती (Frequency Polygon). या आलेखामध्ये रेषाखंडाचा वापर केला जातो. गट मध्य (class mid marks) हे क्ष अक्षावर तर वारंवारता य अक्षावर घेतली जाते. सर्व बिंदू हे क्रमानुसार रेषाखंडांनी जोडले जातात. गटमध्य हा खालील सूत्रानुसार काढतात.

$$\text{गटमध्य} = \frac{\text{गटाची अधिकतम सीमा - गटाची न्यूनतम सीमा}}{२}$$

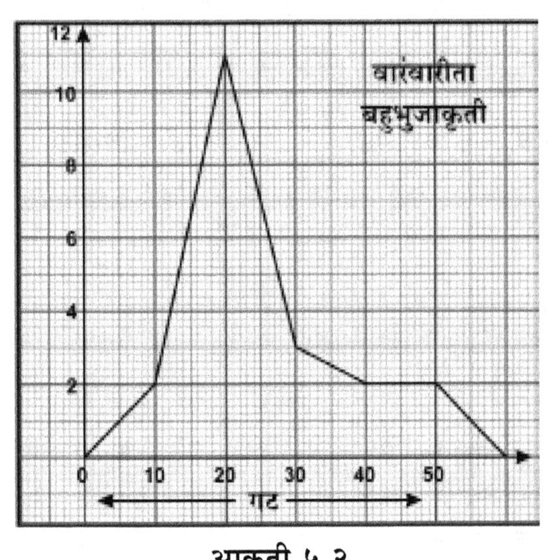

आकृती ५.२

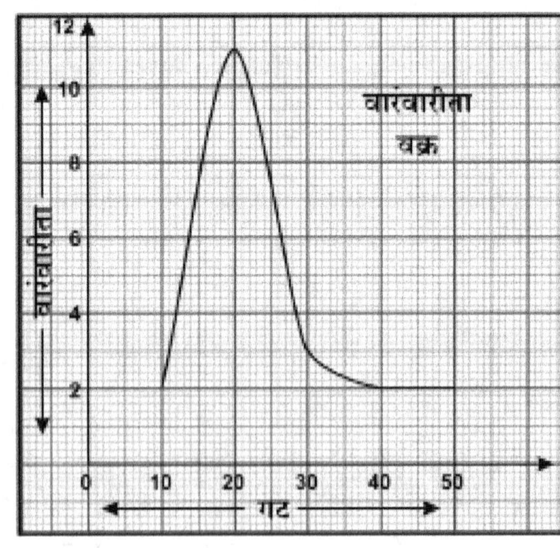

आकृती ५.३

अशी बहुभुजाकृती करताना दोन्ही टोकांच्या बाजूकडील टोक पुढील वा आधीच्या गटाच्या ज्याप्रमाणे परिस्थिती असेल त्याप्रमाणे क्ष अक्षावर जोडली जातात. या गटाची वारंवारता शून्य मानण्यात येते.

अशा प्रकारे तयार झालेली बहुभुजाकृती ही वारंवारतेची विभागणी दर्शविते. या बहुबुजाकृतीच्या खालील एकूण क्षेत्रफळ हे एकूण वारंवारतेइतके असते.

आकृती काढताना बिंदू रेषाखंडाऐवजी मुक्तहस्त वक्राने जोडले असता तयार होणाऱ्या आकृतीला वारंवारता वक्र म्हणतात. या आलेखात शेवटची दोन टोके क्ष अक्षाला जोडलेली नसतात.

आणखी एक प्रकारचे आलेखीय सादरीकरण करण्यासाठी संकलीत वारंवारता वक्र (Cumulative Frequency Curve) अथवा ओगीव (Ogive Curve) वक्र वापरतात. याला कमानी वक्र असे म्हणतात. हा वक्र दोन प्रकारचा असतो. (1) संकलीत वारंवारता 'पेक्षा लहान' प्रकारचा (2) संकलीत वारंवारता 'पेक्षा मोठा' प्रकारचा.

एखाद्या गटाची संकलीत वारंवारता 'पेक्षा लहान' म्हणजे त्या गटाच्या उच्चतम मर्यादिपेक्षा लहान असणाऱ्या निरीक्षणांची संख्या होय. ही वारंवारता काढताना प्रत्येक गटातील वारंवारतेपासून खाली बेरीज करत येतात. ही बेरीज सध्याच्या गटापर्यंत करतात. थोडक्यात 'पेक्षा लहान' संकलीत वारंवारता काढताना सर्वात लहान गटाकडून (पहिला गट) मोठ्या गटाकडे (शेवटचा गट) बेरीज करीत येतात. अशा प्रकारे तयार झालेल्या विभागणीला संकलीत वारंवारता 'पेक्षा लहान' वितरण सारणी म्हणतात. या प्रकारच्या वितरणात शेवटच्या गटाची 'पेक्षा लहान' प्रकारची संकलीत वारंवारता एकूण वारंवारतेइतकी असते.

संकलीत वारंवारता 'पेक्षा मोठा' म्हणजे सध्याच्या गटाच्या न्यूनतम मर्यादिपेक्षा मोठ्या असणाऱ्या निरीक्षणांची संख्या होय. ही वारंवारता काढताना आधीच्या उलट कृती केली जाते. म्हणजेच खालून वर बेरीज करीत जातात. या प्रक्रियेत मोठ्या गटाकडून (शेवटच्या गटाकडून) सर्वात लहान गटाकडे (पहिल्या गटाकडे) बेरीज करीत जावे लागते. अशा प्रकारे तयार झालेल्या विभागणीला संकलीत वारंवारता 'पेक्षा मोठा' विभागणी सारणी म्हणतात.

वारंवारतेचे संकलीकरण हे खालून वर किंवा वरून खाली केले जाते.

संकलीत वारंवारता विभागणी ही दोन प्रकारची असल्यामुळे त्याच्याशी संबंधित आलेख सादरीकरण करण्याच्या पद्धतीतील वक्रही दोन प्रकारचे असतात.

(अ) संकलीत वारंवारता वक्र 'पेक्षा लहान' प्रकार

(ब) संकलीत वारंवारता वक्र 'पेक्षा मोठा' प्रकार

(अ) संकलीत वारंवारता वक्र प्रकार किंवा ओगीव वक्र 'पेक्षा लहान' : या प्रकारचा वक्र काढताना क्ष अक्षावर गटाची अधिकतम वा उच्चतम मर्यादा तथा य अक्षावर संकलीत वारंवारता 'पेक्षा लहान' योग्य त्या मोजपट्टीने निर्देशित केली जाते. आलेखावरील सर्व बिंदू मुक्तहस्त वक्राने जोडले जातात. तयार झालेली आकृती म्हणजे संकलीत वारंवारता वक्र 'पेक्षा लहान' प्रकारचा वक्र होय.

(ब) संकलीत वारंवारता वक्र अथवा ओगीव वक्र 'पेक्षा मोठा' प्रकार : या प्रकारचा वक्र काढताना क्ष अक्षावर न्यूनतम गटाची मर्यादा व य अक्षावर संकलीत वारंवारता 'पेक्षा मोठा' योग्य त्या मोजपट्टीच्या साहाय्याने निर्देशित केली जाते. आलेखातील बिंदू हे मुक्तहस्त वक्राने जोडले जातात. तयार झालेली आकृती म्हणजे संकलीत वारंवारता वक्र 'पेक्षा मोठा' प्रकारचा होय.

संकलीत वारंवारता वक्राचा उपयोग आलेख पद्धतीने/मध्यगा व चतुर्थक (quartiles) काढण्याकरिता होतो. तसेच एखाद्या किंमतीपेक्षा लहान किंवा मोठ्या निरीक्षणाची संख्या माहितीसाठ्यात किती आहे, तेही या वरून कळू शकते.

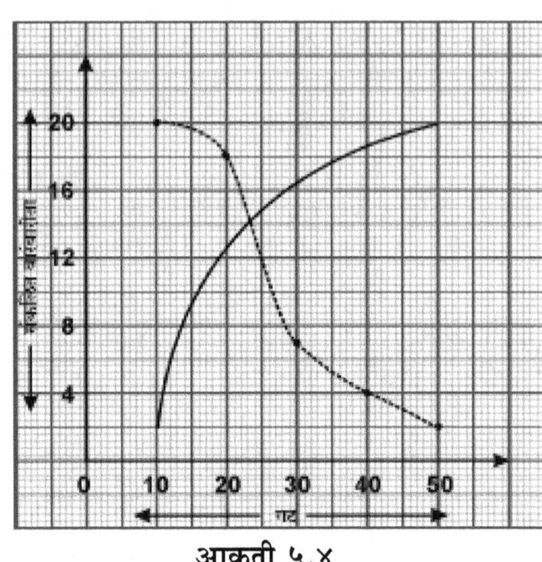

आकृती ५.४

सारणी 3 मधील वितरणाकरता, आ. 5.4मध्ये दाखविल्याप्रमाणे ओगीव किंवा कमानी वक्र काढता येईल.

विभाजित वर्तुळे : या प्रकारच्या आलेखाची पद्धत ज्यावेळी माहिती वर्गीकृत अथवा नामदर्शक (Nominal) पद्धतीने गोळा केली जाते, त्यावेळी वापरली जाते. हा आलेख काढण्याची थोडक्यात पद्धत खालीलप्रमाणे दिली आहे.

सारणी 5

गट	संख्या	प्रमाण	अंश
A	25	0.111111	40
B	15	0.066667	24
C	35	0.155556	56
D	65	0.288889	104
E	85	0.377778	136
	225	**1**	**360**

या पद्धतीत वर्तुळाच्या 360 अंशाच्या कोनाची छोट्या छोट्या कोनात प्रत्येक वर्गाच्या वारंवारतेच्या गुणोत्तराप्रमाणे विभागणी केली जाते. त्यानंतर तयार होणाऱ्या वर्तुळ विभागांना निरनिराळ्या पद्धतीने छायांकित केले जाते. वर्तुळ विभागाचे क्षेत्रफळ म्हणजे त्या त्या वर्गाचा वारंवारतेमधील हिस्सा होय. वरील सारणीशी संबंधित पाय आलेख खालीलप्रमाणे दिसतो.

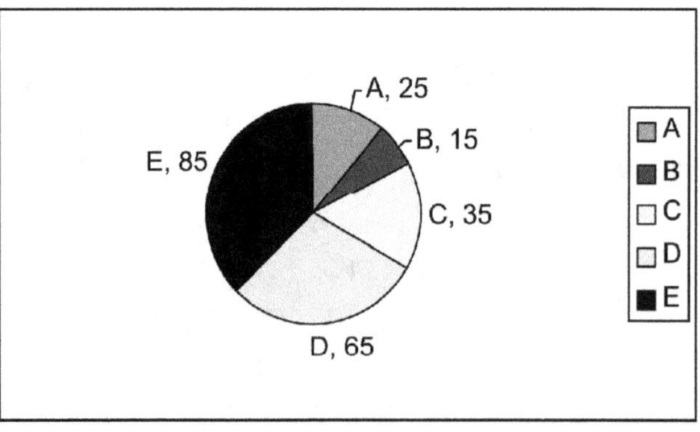

आकृती ५.५

सारणी 3 मधील वारंवारता सारणीचा पाय आलेख व त्यासाठी बनविलेला तक्ता खाली दाखविला आहे.

गट	संख्या	प्रमाण	अंश
1-10	2	0.1	36
10-20	11	0.55	198
20-30	3	0.15	54
30-40	2	0.1	36
40-50	2	0.1	36

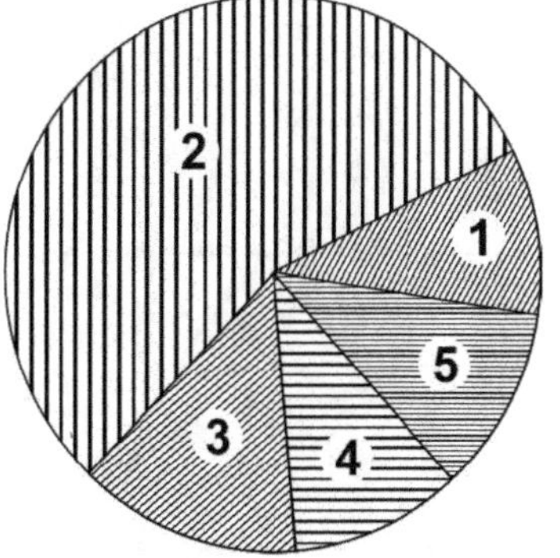

आकृती ५.६

सारणी 6 : सारणी 3 मधल्या वर्गीकृत सांख्यिकीचा सरासरी काढण्यासाठी वापर

वर्ग	वर्गमध्य (x)	वारंवारता (f)	fx
1-10	5.5	2	11
11-20	15.5	11	170.5
21-30	25.5	3	76.5
31-40	35.5	2	71.0
41-50	45.5	2	91
		20	420

$$\overline{X} = \frac{\Sigma fx}{\Sigma f}$$

$$= \frac{420}{20}$$

$$= 21$$

अंकीय माहितीसाठ्याची सरासरी आणखी एका पद्धतीने सोप्या सूत्राने खालीलप्रमाणे काढता येते.

$$\overline{X} = X_0 + C_i \left(\Sigma ft / \Sigma f \right)$$

इथे X_0 ही एक मानलेली सरासरी आहे.

C_i i या गटाची गट लांबी खालीलप्रमाणे काढतात.

C_i गटाची लांबी = अधिकतम सीमा - न्यूनतम सीमा

Σft : वारंवारता व तफावत (+) यांच्या गुणाकाराची बेरीज

Σf : एकूण वारंवारता

वरील उदाहरणासाठी या नवीन सूत्राने गणितीय मध्य खालील पद्धतीने काढता येतो (पाहा प्रकरण 6 मधीलसारणी 7).

केंद्रिय प्रवृत्तीची मापके
(Measures of Central Tendencies)

कोणत्याही वितरणाचे वर्णन करण्यासाठी विविध परिमाणे असतात. त्यांपैकी एक म्हणजे केंद्रिय प्रवृत्तीची परिमाणे किंवा अपस्करणाची (Dispersion) परिमाणे ही होत. ही सर्व वर्णनात्मक संख्याशास्त्राची उदाहरणे आहेत. एखाद्या प्रक्रियेचे गणितीय अथवा संख्याशास्त्रीय प्रारूप तयार करण्यासाठी तसेच प्रक्रियेतील आकृतिबंध ओळखण्यासाठी (Pattern Recognition) या मापकांचा उपयोग होतो.

अ) ही वरील परिमाणे माहितीसाठ्याचे संक्षिप्तीकरण करण्यासाठीसुद्धा वापरता येतात. सरासरी परिमाण हे असेच एक परिणाम आहे. याच परिमाणाला काही वेळा समान अर्थाने केंद्रिय प्रवृत्ती असे संबोधले जाते. गणितीय मध्यगा तसेच भौमितिक मध्य, harmonic मध्य ही प्रमुख प्रकारची केंद्रिय प्रवृत्तीची मापके सर्वसाधारणपणे वापरली जातात.

सरासरी : ही मूलतः गणितीय सरासरी असून ती खालील प्रमाणे काढतात.

$$\overline{X} = \sum X / n$$

इथे $\overline{X}$ म्हणजे सरासरी अथवा गणितीय मध्य तर $\sum X$ म्हणजे सर्व निरीक्षणांच्या किमतींची बेरीज असते. तर n हा एकूण निरीक्षणांची संख्या दर्शवितो. सारणी 1 मध्ये दिलेल्या अंकीय माहितीसाठ्याची सरासरी.

$$\overline{X} = 423/20 = 21.15 \text{ अशी येईल.}$$

याचा अर्थ असा की खाडी किनारी असलेल्या खारफुटी वृक्षांची संख्या सरासरी 21 आहे.

वर्गीकृत माहितीसाठ्यासाठी सरासरी खालील सूत्राने काढतात.

$$X = \sum f x / \sum f$$

इथे $\sum fx$: (गटमध्य x त्या गटाची वारंवारता यांची बेरीज)

$\sum f$: एकूण वारंवारता अथवा एकूण निरीक्षणे

वारंवारता वितरण जे आकारासंबंधी आहे त्यावरून सरासरी खालीलप्रमाणे काढता येईल.

सारणी 7

वर्ग	वर्गमध्य (x)	वारंवारता (f)	t	fx
1-10	5.5	2	-1	-2
11-20	15.5	11	0	0
21-30	25.5	3	1	3
31-40	35.5	2	2	4
41-50	45.5	2	3	6
		20		11

मानलेला मध्य हा सर्वाधिक वारंवारता गटातील कोणतेही एक निरीक्षण असते.

$$\overline{X} = X_0 + C_i (\Sigma ft/\Sigma f) = 15 + 10\ (11/20)$$
$$= 15 + 5.5 = 20.5 = 21$$

दोन्ही पद्धतीने काढलेली गणितीय सरासरीची किंमत सारखी असते.

भौमितिक सरासरी व हार्मोनिक (harmonic) सरासरी ही अन्य दोन प्रकारची केंद्रिय प्रवृत्तीची मापके काही भौगोलिक अभ्यासात वापरली जातात.

भौमितिक सरासरी ही अशा प्रकारच्या अंकीय माहितीसाठ्यासाठी वापरली जाते की ज्यामध्ये भौमितिक श्रेणी वाढ, अथवा घट दिसून येते. भौमितिक सरासरी अवर्गीकृत माहितीसाठ्यासाठी खालीलप्रमाणे काढतात.

बहुलक (Mode) : हे केंद्रिय प्रवृत्तीचे आणखी एक मापक आहे. हे अशा प्रकारचे निरीक्षण आहे, की जे माहितीसाठ्यात सर्वाधिक वेळा येते; अथवा सर्वाधिक वारंवारता असलेले निरीक्षण म्हणजे बहुलक होय. एखाद्या निरीक्षणांच्या तालिकेमध्ये कोणत्याही निरीक्षणाची पुनरावृत्ती होत नसेल तर प्रत्येक निरीक्षण हे मध्यक मानले जाते व अशा तालिकेला अथवा वारंवारता वितरणाला बहुमध्यकीय तालिका अथवा बहुमध्यकीय वारंवारता विभागणी म्हणतात. खाली काही मासिक पर्जन्य (मीमी) निरीक्षणे दिलेली आहेत.

10.6, 15.8, 16.2, 11.4, 10.2, 12.4, 16.5, 20.5, 24.2, 8.5, 9.8, 10.4

अशा प्रकारचा माहितीसाठा अथवा निरीक्षणे सर्वसाधारणपणे निरनिराळ्या गटात विभागली जातात. ही विभागणी सारणी 8 मध्ये खाली दिली आहे.

सारणी 8

गट	दंड चिन्हे	वारंवारता
8-10	I I	2
10-12	I I I I	4
12-14	I	1
14-16	I	1
16-18	I I	2
18-20	I I	2
		12

जेव्हा माहितीसाठा गटनिहाय विभागला जातो, तेव्हा ज्या गटाची वारंवारता सर्वाधिक असते (जसे इथे 10-12 या गटाची आहे) त्या गटाला बहुलक वितरणाचा गट असे संबोधण्यात येते. जर वारंवारता विभागणीमध्ये असा एकच गट असेल तर त्या वारंवारता सारणीला एक मध्यक वारंवारता (Unimodal) म्हणतात. जर असे दोन गट असतील की ज्यांची वारंवारता सर्वाधिक असेल व ती समान असेल तर अशा वारंवारता सारणीला द्विमध्यक वारंवारीता (Bimodal) म्हणतात. सारणी 1 मधील आकडेवारीवरून असे लक्षात येते कि 20 ही संख्या सर्वात जास्त म्हणजे 3 वेळा आली आहे. ते बहुलक मूल्य आहे व हे वितरण एक मूल्यक वितरण आहे (सारणी 3). वारंवारता सारणी जर स्तंभालेखानेदाखविली तर सर्वात जास्त उंच असलेल्या स्तंभाने बहुलक गट दर्शविला जातो.

वर्गीकृत माहितीसाठी बहुलक खालील सूत्राने काढता येतो.

$$\text{मध्यक} = L + \frac{f_1 - f_0}{2f_1 - (f_0 + f_2)} \times h$$

इथे.

L : बहुलक गटाची न्यूनतम मर्यादा

f_1 : बहुलक गटाची वारंवारता

f_0 : बहुलक गटाच्या आधीच्या गटाची वारंवारता

f_2 : बहुलक गटाच्या नंतरच्या गटाची वारंवारता

h : बहुलक गटाची गटलांबी

प्रकरण 5 मधील सारणी 3 मध्ये दाखविलेल्या वितरणात ही किंमत पुढीलप्रमाणे येईल.

$$\text{मध्यक} = 11 + \frac{11 - 2}{2(11) - (2 + 3)} \times 10$$

$$= 11 + 5.3$$

$$= 16.3$$

$$= 16$$

बहुलक गट म्हणजे ज्या गटाची वारंवारता सर्वाधिक आहे असा गट.

मध्यगा : मध्यमा किंवा मध्यगा चढत्या किंवा उतरत्या श्रेणीने मांडलेल्या अनुक्रमांकित निरीक्षणांना दोन समान आकाराच्या गटांत विभाजित करते. मध्यमा किंवा मध्यगा म्हणजे चढत्या किंवा उतरत्या श्रेणीने माहितीसाठा मांडला असता बरोबर मधले निरीक्षण. ज्या वेळी एकूण निरीक्षणांची संख्या विषम असते त्यावेळी ही किंमत काढणे अथवा मधले निरीक्षण ओळखणे सोपे असते. परंतु जेव्हा एकूण निरीक्षणांची संख्या सम असते, तेव्हा दोन निरीक्षणे एकूण माहितीच्या साठ्याचे दोन समान भागांत विभाजन करतात व अशा वेळी मध्यमा/मध्यगा ही या दोन निरीक्षणांचा गणितीय मध्य काढून ठरवितात. (समजा एखाद्या निरीक्षण तालिकेत 16 निरीक्षणे असतील तर आणि 8 वे निरीक्षण 6.4 आणि 9 वे निरीक्षण 8.2 असेल तर ही दोन्हीही निरीक्षणे बरोबर मधली ठरतात. त्यामुळे अशा स्थितीत या निरीक्षणांच्या तालिकेची मध्यमा/मध्यगा $= \frac{6.4 + 8.2}{2} = 7.3$ असते.)

मध्यमा/मध्यगा ही अशा परिस्थितीत योग्य केंद्रिय प्रवृत्तीचे मापक ठरते की ज्या परिस्थितीत माहिती साठा क्रमदर्शप्रमाण (ordinal) पद्धतीने मोजला जातो. मध्यमा/मध्यगा वारंवारता विभागणी बरोबर अर्ध्या भागात विभागते,

जेव्हा की निरीक्षण तालिका उतरत्या अथवा चढत्या श्रेणीने मांडली अथवा नोंदवली जाते. अवर्गीकृत

अंकीय माहितीसाठ्यासाठी मध्यमा/मध्यगा म्हणजे $\left(\dfrac{n+1}{2}\right)$ वे निरीक्षण

खालील निरीक्षण तालिका ही विविध अवसादांचा (Sediments) आकार   मिमी मध्ये दर्शविते.

9.8, 8.3, 4.3, 5.3, 10.2, 7.6, 5.4, 6.9, 4.7

मध्यमा/मध्यगा काढण्यासाठी वरील तालिका चढत्या श्रेणीने खालीलप्रमाणे लिहिता येईल.

4.3, 4.7, 5.3, 5.4, 6.9, 7.6, 8.3, 89.8, 10.8

$$\text{मध्यमा/मध्यगेची किंमत} = \dfrac{(n+1)}{2} \text{ वे निरीक्षण}$$

$$= \dfrac{(9+1)}{2} \text{ वे निरीक्षण}$$

$$= 5 \text{ वे निरीक्षण}$$

$$= 6.9$$

वर्गीकृत माहितीसाठ्यासाठी मध्यमा/मध्यगा खालील सूत्राने काढता येते.

$$\text{मध्यमा / मध्यगा} = L + \left[\dfrac{\dfrac{N}{2} - c.f.}{f}\right] \times h$$

L : मध्यमा/मध्यगा गटाची न्यूनतम मर्यादा

N : एकूण वारंवारता अथवा एकूण निरीक्षणांची संख्या

c.f : मध्यमा/मध्यगा गटाच्या आधीच्या गटाची संकलीत वारंवारता (पेक्षा

    लहान प्रकारची)

f : मध्यमा/मध्यगा गटाची वारंवारता

h : मध्यमा/मध्यगा गटाची गटलांबी

मध्यमा/मध्यगा म्हणजे असा गट ज्याची संग्रहीत वारंवारता (पेक्षा लहान प्रकारची) $\dfrac{n}{2}$ पेक्षा प्रथमच मोठी

असेल.

आधी चर्चा केल्याप्रमाणे जर गट सलग असतील तर

न्यूनतम सीमा = न्यूनतम मर्यादा

अधिकतम सीमा = अधिकतम मर्यादा

परंतु जर गट सलग नसतील तर गट सलग करावे लागतात. त्यासाठी खालीलप्रमाणे गणित केले जाते.

$$c = \dfrac{\text{पुढील गटाची न्यूनतम सीमा - सध्याच्या गटाची अधिकतम सीमा}}{२}$$

प्रत्येक गटाच्या न्यूनतम सीमेतून 'c' वजा करावा व प्रत्येक गटाच्या अधिकतम सीमेत 'c' मिळवावा. असे केल्याने तयार होणारे वारंवारता वितरण हे सलग गट वारंवारता वितरण असते. सारणी 5 मधील अंकीय माहितीसाठ्याची,

$$\text{मध्यमा/मध्यगा} = 11 + \left[\frac{\frac{20}{2} - 2}{11}\right] \times 10$$

$$= 18.3$$

क) अपस्करणाची मापके (Measures of Dispersion)

अपस्करण म्हणजे निरीक्षणांची माहितीसाठ्यामध्ये असलेली पसरण (Spread). काही काही परिस्थितीत निरीक्षणाच्या किमती या केंद्राच्या अथवा मध्याच्या जवळ पुंज निर्माण करतात तर काही अन्य परिस्थितीत त्या केंद्रापासून अथवा मध्यापासून दूरदूर पसरलेल्या असतात.

सामान्यत: निरीक्षणांच्या किमतींची गणितीय श्रेणीने होणारी प्रसरण मोजण्यासाठी चार अपस्करणाची मापके वापरली जातात ती म्हणजे कक्षा (Range), आंतरचतुर्थक कक्षा सरासरी विचलन व प्रचरण आणि प्रमाणित विचलन.

कक्षा (Range) : या मापकाची व्याख्या अधिकतम निरीक्षण - न्यूनतम निरीक्षण अशी केली जाते. सारणी 3 मध्ये दिलेल्या अंकीय माहिती साठ्यात अधिकतम आकार 30 सेमी व न्यूनतम आकार 1.1 सेमी असल्यामुळे Range 30-1.1 = 28.9 येते. जरी कक्षा दोन टोकाच्या निरीक्षणांनी प्रभावित होत असली तरी बच्याच भौगोलिक अभ्यासात, उदा. नदीच्या पात्राची रुंदी अथवा पाणीसाठ्याचे प्रमाण या चलाच्या वारंवारतावितरणातील अधिकतम किंमत व न्यूनतम किंमत वापरून काढलेली कक्षा, धरणाच्या बांधकामामध्ये महत्त्वाची भूमिका बजावू शकते. तसेच समुद्रातील सर्वात उंच भरतीच्या लाटा व सर्वात कमी उंच आहोटीच्या लाटा यांवरील केलेली निरीक्षणे यांचा उपयोग समुद्रकिनारी लाटासंरक्षक भिंत बांधण्यासाठी होतो.

सरासरी विचलन (Mean Deviation) : सरासरी विचलन म्हणजे प्रत्येक निरीक्षणाचा बेरीज भागिले एकूण निरीक्षणांची संख्या.

$$D = \sum |x - \bar{x}|$$

वर्गीकृत विभागणीमध्ये हे मापक काढण्याचे सूत्र खालीलप्रमाणे :

$$D = \frac{\sum |x - \bar{x}|}{\sum f} \qquad x : \text{गटाची सरासरी}$$

हे क्वचितच वापरले जाणारे मापक आहे.

प्रमाणित विचलन व प्रचरण Standard Deviation and Variance

हे संख्याशास्त्रीय दृष्टिकोनातून विचार करता सर्वात योग्य मापक आहे. कोणत्याही अंकीय माहितीसाठ्यामध्ये गणितीय सरासरीच्या फरकांची बेरीज शून्य असते. $\left[\sum |x - \bar{x}| = 0\right]$ म्हणून साधे विचलन.

$$\frac{\sum |x - \overline{x}|}{n}$$ सुद्धा शून्य असते.

या सूत्रात $(x - \overline{x})$ ऐवजी $(x - \overline{x})^2$ वापरले तर मिळणाऱ्या मापकाला प्रचरण म्हणतात.

हे मापक अत्यंत महत्त्वाचे व अत्यंत उपयोगी आहे. या प्रकारच्या मापकाचा अनुमानात्मक संख्याशास्त्रात फार उपयोग होतो. या मापकाचे संक्षिप्त सूत्र खालीलप्रमाणे लिहिता येते.

$$S^2 = \frac{\sum (x - \overline{x})^2}{n}$$

परंतु सर्वसाधारणपणे व वारंवार उपयोगात आणले जाणारे अपस्करणाचे मापक म्हणजे प्रमाणित विचलन (Standard deviation) होय. हे मापक म्हणजे प्रचरण (variance) या मापकाचे वर्गमूळ होय.

$$S = \sqrt{\frac{\sum (x - \overline{x})^2}{n}}$$

वर्गीकृत वारंवारता विभागणी प्रकारच्या अंकीय माहिती साठ्यासाठी हे मापक खालीलप्रमाणे काढतात.

$$S = Ci \times \sqrt{\frac{\sum ft^2}{\sum f} - \left(\frac{\sum ft}{\sum f}\right)^2}$$

सारणी 9 मधील अंकीय माहितीसाठ्याकरिता प्रमाणित विचलन खालीलप्रमाणे काढता येईल.

$$S = \sqrt{\frac{\sum (x - \overline{x})^2}{n}} \qquad = \sqrt{\frac{10}{5}}$$

$$= \sqrt{2} \qquad\qquad = 1.41$$

सारणी 9

संख्या (x)	$(x - \overline{x})$	$(x - \overline{x})^2$
5	5 - 1 = 1	1
4	4 - 4 = 0	0
3	3 - 4 = 01	1
6	6 - 4 = 2	4
2	2 - 4 = 2	4
		10

$\overline{x}$ = सरासरी = 4

वर्गीकृत वारंवारता विभागणी प्रकारच्या माहितीसाठ्यासाठी Standard Deviation खालील सूत्राने काढता येते.

$$S = Ci \times \sqrt{\frac{\sum ft^2}{\sum f} - \left(\frac{\sum ft}{\sum f}\right)^2}$$

$\sum \mathrm{ft}$ ही वारंवारता आणि सर्वाधिक गट अंतर यांच्या गुणाकाराची बेरीज दर्शविते.

प्रचरण (Variance) हा प्रमाणित विचलनाचा (Standard deviation) चा वर्ग असतो.

सारणी 10

वर्ग	f	t	t^2	ft	ft^2
1-10	2	-1	1	-2	2
11-20	11	0	0	0	0
21-30	3	1	1	3	3
31-40	2	2	4	4	8
41-50	2	3	9	6	18
	20	5	15	11	31

वरील माहितीवरून पुढीलप्रमाणे प्रमाणित विचलन काढता येते.

$$\text{प्रमाणित विचलन} = Ci \times \sqrt{\frac{\sum ft^2}{\sum f} - \left(\frac{\sum ft}{\sum f}\right)^2}$$

$$= 10 \sqrt{\frac{31}{20} - \left(\frac{11}{20}\right)^2}$$

$$= 10 \sqrt{1.55 - 0.3}$$

$$= 10 \sqrt{1.25}$$

$$= 11.2$$

वितरणाचे वर्णन केंद्रीय प्रवृत्ती आणि पसरण दोन्ही एकत्रितपणे वापरूनसुद्धा करता येते. अशा प्रकारच्या परिस्थितीत वापरल्या जाणाऱ्या संख्याशास्त्रीय मापकाला सापेक्ष चलनशीलता म्हणतात. हे मापक खालील सूत्राने काढतात.

$$\text{सापेक्ष चलनशीलता} = \frac{\text{प्रमाणित विचलन}}{\text{सरासरी}} \times 100$$

एखाद्या माहितीसाठ्यामध्ये दोन भिन्न आकारांचे उपगट असतील व या दोन गटांतील चलनशीलतेची (अंतर्गत) तुलना करावयाची असेल तेव्हा हे मापक वापरले जाते.

वरील उल्लेख केलेली अपस्करणाची मापके ही वारंवारतावितरणाची प्रथम व द्वितीय केंद्रीय वृत्ती असतात.

प्रकरण 7

सहसंबंध आणि गृहीततत्त्वे
(Correlation and Hypotheses)

अ) सहसंबंध व समाश्रयन (Correlation and Regression)

दोन प्रक्रियांमधील कार्यकारणसंबंधाची माहिती घेणे अथवा एखाद्या घटनेची कारणमीमांसा करणे कोणत्याही शैक्षणिक वा संशोधन प्रक्रियेचे हे महत्त्वाचे अंग आहे. कोणत्याही विषयाचे लौकिक अर्थाने उपयोजित शिक्षण घेताना ही प्रक्रिया घडत असते. बऱ्याच वेळा का, कसे असे प्रश्न समोर येतात व त्यांची उत्तरे शोधणे ही अत्यावश्यक बाब बनते. प्रक्रिया 'अ' चा 'ब' हा परिणाम आहे का? किंवा प्रक्रिया 'अ' मुळे घटना 'ब' घडते का? जर 'अ' या चलाची अथवा गुणधर्माची किंमत कमी झाली तर 'ब' या चलाची किंमत कमी होईल की वाढेल? 'अ' व 'ब' परस्परांच्या विरोधात काम करतात का? ही काही प्रश्नांची उदाहरणे होत. भौगोलिक अभ्यासातील उदाहरणे द्यावयाची झाल्यास ती खालीलप्रमाणे देता येतील. उन्हाळ्यातील वाढते सरासरी तापमान पर्जन्यमान वाढविण्यास जबाबदार असते का? डोंगरातील अथवा पर्वतरांगांतील खडकाचा प्रकार व त्यात सापडणाऱ्या खनिजांचा प्रकार यांच्यात परस्परसंबंध असतो का? नदीपासूनचे एखाद्या विशिष्ट स्थळाचे अंतर आणि तेथील मातीची क्षमता अथवा कस यांच्यात परस्परसंबंध असतो का? इत्यादी.

अशा प्रकारच्या कार्यकारणभावांचा विचार करताना आणखी काही प्रश्न उपस्थित होतात जसे की 'अ' चा 'ब' वर परिणाम होतो का तसेच 'ब'चा 'अ' वर परिणाम होतो का? जर असा सहसंबंध असेल तर तो मोजण्याचे मापक सांगता येईल का? (ज्याप्रमाणे केंद्रीय प्रवृत्ती मोजायची मापके आहेत. विचलनाची मापके आहेत त्याप्रमाणे) या मापकाच्या किंमतीचा अर्थ काय व तो कसा लावता येईल? यावरून अनुमान किंवा निष्कर्ष कसे काढता येतील. पुढे जाऊन या सहसंबंधाचे गणितीय प्रतिरूप बनविता येईल का?

या प्रकरणामध्ये या प्रश्नांपैकी काहींची उत्तरे शोधण्यासाठी लागणाऱ्या संख्याशास्त्रीय पद्धतींची चर्चा केली आहे.

संख्याशास्त्रीय पद्धती विकसित होण्याआधी अशा प्रकारच्या कार्यकारणभावाचा शोध घेण्याचे काम हे बहुतांशी व्यक्तिसापेक्ष व व्यक्तिगत अनुभवावर आधारित असे. त्यामुळे बऱ्याच वेळा अशा प्रकारच्या दोन कामांचा अंतिम निष्कर्ष भिन्न स्वरूपाचा येत असे. जरी असे एकाच प्रकारचे प्रयोग दोन भिन्न व्यक्तींनी दोन भिन्न ठिकाणी केलेले असले तरीसुद्धा काही काही परिस्थितीत संख्या शास्त्रीय पद्धतीने शुद्ध वैज्ञानिक दृष्टीने विश्लेषण केल्यावर असे आढळून आले की सर्वमान्य असलेल्या 'अ' मुळे 'ब' घडतो अशी विधाने वा मते संपूर्णत: चुकीची आहेत.

असे घडण्याचे प्रमुख कारण म्हणजे व्यक्तिसापेक्षता हे आहे. कारण प्रत्येक व्यक्तीची समज, अनुभव आणि वैचारिक पातळी ह्या भिन्न असतात.त यामुळे निष्कर्षात विविधता येऊ शकते. संख्याशास्त्रीय पद्धतीचा प्रमुख

फायदा म्हणजे या पद्धती व्यक्तिसापेक्षता काढून टाकून सर्वमान्य, समान निष्कर्ष काढतात. त्यामुळे वरील प्रकारची द्विधापरिस्थिती निर्माण होऊ शकत नाही. तसेच व्यक्तिसापेक्षतेमुळे येणारी विविधतासुद्धा नष्ट होते अथवा शून्य होते.

द्विचलीय माहितीसाठा आणि सहसंबंध :

वरील चर्चेअंती असे लक्षात येईल की दोन चलांच्या सहसंबंधाबद्दलचा अभ्यास हा बहुतांशी वेळा महत्त्वाचा घटक ठरतो. तसेच या दोन चलांमधील कार्य व परिणाम ओळखणे व त्यांच्यामधील कार्यकारणभाव स्पष्ट करणे हे सुद्धा कोणत्याही वैज्ञानिक अभ्यासामधील महत्त्वाचा भाग असते. याला अर्थातच भौगोलिक परिस्थितीचा अभ्यास अपवाद ठरू शकत नाही. या अभ्यासामधील पहिला टप्पा म्हणजे अभ्यासाखाली असलेल्या मात्रात्मक वा अंकात्मक गुणधर्मांची अनेक निरीक्षणे नोंदवणे हा असतो. ही अनेक निरीक्षणे प्रयोगामध्ये प्रयोगीय घटकांवर किंव प्रकियांवर नोंदविली जातात. (Measurements are made on experimental units). आधी चर्चा केल्याप्रमाणे या मात्रात्मक गुणधर्मांना (अंकात्मक गुणधर्मांना) चल असे संबोधले जाते. त्यामुळे या गुणधर्मांची केलेली मोजमापे म्हणजे या चलांच्या किमती असतात. ही चले सामान्यत: X आणि Y या इंग्रजी अक्षरांनी निर्देशित केली जातात. उदा. X : सरासरी पर्जन्यमान Y : सरासरी आर्द्रता किंवा X : अधिकतम वा कमाल तापमान Y : अधिकतम पर्जन्यमान. या चलांवर घेतलेली विविध निरीक्षणे म्हणजे वेगवेगळ्या वर्षांतील एखाद्या स्थानाचे अधिकतम तापमान आणि अधिकतम पर्जन्यमान. या प्रकारच्या निरीक्षणामध्ये 'वर्ष' हे प्रयोगीय घटक मानले जाते. अशाच प्रकारे एखाद्या वर्षांतील सरासरी पर्जन्यमान व सरासरी आर्द्रता यावरही अनेक निरीक्षण गोळा करता येतात. या प्रकारची निरीक्षणे अनेक वर्षांसाठी नोंदविली तर ती या चलांवरील अनेक निरीक्षण / किमती असतात.

अशा प्रकारच्या माहितीसाठ्याला 'द्विचलीय माहितीसाठा' संबोधले जाते. कारण या माहितीसाठ्यातील किमती या दोन चलांवरील निरीक्षणे असतात.

या दोन चलांपैकी एक चल अवलंबित (Dependant) व दुसरे निरावलंबित (Independant) मानले जाते. हे ठरविण्यासाठी सुरुवातीला असलेला अभ्यासाचा उद्देश लक्षात घेतला जातो. जर 'अ' हा कार्य 'ब' हा परिणाम आहे का? या प्रश्नाचा ऊहापोह करावयाचा असेल तर 'ब' हा अवलंबित (Dependant) 'अ' हा निरावलंबित (Independant) मानला जातो. सामान्यत: निरावलंबित चल X ने व अवलंबित चल Y ने दाखविले जाते.

या दोन चलांतील परस्परसंबंधांना 'सहसंबंध' असे म्हटले जाते. पहिल्या टप्प्यावर अशा प्रकारचा संबंध ओळखण्यासाठी 'विकीर्णलेख (Scatter)' या आलेखपद्धतीचा वापर केला जातो. या प्रकारच्या आलेखपद्धतीने X आणि Y मधील सहसंबंध शोधता येतो.

विकीर्णलेख : ही शालेय भूमितीच्या ज्ञानावर आधारित आलेख पद्धती आहे. ही पद्धती आपणांस दोन चलांतील फक्त सहसंबंधाची उपस्थिती सांगत नाही तर त्यांचा प्रकार वा दिशासुद्धा सांगते. सहसंबंध हा दोन प्रकारचा असतो.

अ) धनसहसंबंध : या प्रकारच्या सहसंबंधामध्ये X या चलाच्या किमतीत वाढ झाली असता Y या चलाच्या किमतीतसुद्धा वाढ होते. आणि X या चलाच्या किमतीत घट झाल्यास Y या चलाच्या किमतीतसुद्धा घट होते. थोडक्यात X आणि Y एकाच दिशेने चालतात.

ब) ऋणसहसंबंध : या प्रकारच्या सहसंबंधामध्ये X च्या किमतीत वाढ झाली तर Y च्या किमतीत घट होते. आणि X च्या किमतीत घट झाल्यास Y च्या किमतीत वाढ होते.

विकीर्णलेख काढताना X या चलाच्या किमती X अक्षावर आणि Y या चलाच्या किमती Y अक्षावर

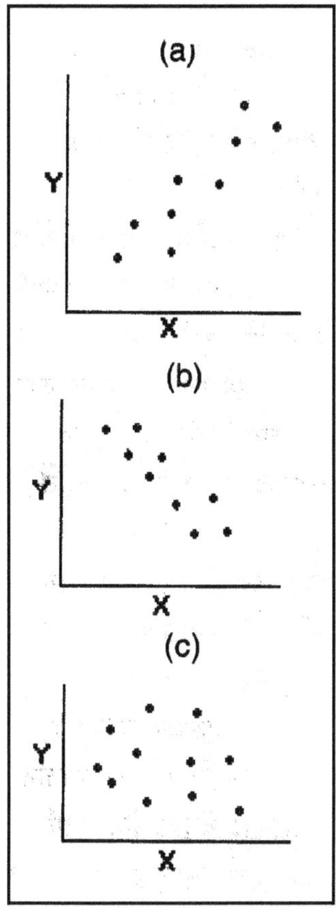

आकृती 7.1

योग्य त्या मोजपट्टीच्या आधारे निर्देशित केल्या जातात. नंतर आलेखावर द्विचलीय माहिती साठ्यातील प्रत्येक निरीक्षण बिंदु पद्धतीने दाखविले जाते. तयार झालेल्या आलेखाला विकीर्णालेख म्हणतात. या आलेखाचे निरीक्षण करून व खालील मार्गदर्शक तत्त्वे वापरून सहसंबंधाची उपस्थिती व त्याचा प्रकार याबाबत निर्णय घेतला जातो.

अशा प्रकारचा आलेख धनसहसंबंध दर्शवितो. म्हणजेच X च्या किमतीत घट झाल्यास Y च्या किमतीतिही घट होते किंवा X च्या किमतीती घट Y च्या किमतीतील घट घडविते. तसेच X च्या किमतीतील वाढ ही Y च्या किमतीतही वाढ घडविते.

अशा प्रकारचा आलेख ऋण सहसंबंध दर्शवितो. म्हणजेच X च्या किमतीत होणारी घट Y च्या किमतीत वाढ घडविते तर X च्या किमतीत होणारी वाढ Y च्या किमतीत घट घडविते.

अशा प्रकारचा आलेख दोन चलांमधील सहसंबंधाची अनुपस्थिती दर्शवितो. किंवा अशा प्रकारचा आलेखहा दोन चलांतील निरवलंबित्व दर्शवितो. म्हणजे X च्या किमतीत होणारा बदल व Y च्या किमतीत होणारा बदल ह्यांत कोणताही परस्परसंबंध नसतो.

वर दर्शविलेले आकृतीबंध ही मार्गदर्शक तत्त्वे असून प्रत्यक्ष काढलेल्या आलेखांमध्ये वरील आकृतीबंधामध्ये थोडी विविधता येऊ शकते याची नोंद घ्यावी. सहसंबंधाच्या प्रकाराबाबत निर्णय घेताना खालील तत्त्व सर्वसाधारणपणे वापरले जाते.

जर आलेखामधील आकृतीबंध हा धन चढाच्या रेषेशी साधर्म्य वा साम्य दाखवित असेल तर त्या दोन चलांमध्ये धनसहसंबंध आहे असा प्राथमिक निष्कर्ष काढता येतो. तसेच जर आलेखामधील आकृतीसंबध ऋण चढाच्या रेषेशी साधर्म्य वा साम्य दाखवीत असेल तर त्या दोन चलांमध्ये ऋण सहसंबंध आहे असा प्राथमिक निष्कर्ष काढता येतो. वरील दोहोंपैकी कशाशीही आलेखामधील आकृती साधर्म्य वा साम्य दाखतीत नसेल तर दोन चलांमध्ये सहसंबंध नाही असा प्राथमिक निष्कर्ष काढता येतो.

सहसंबंधाचे मापक :

एकदा दोन चलांतील सहसंबंधाची निश्चिती झाली की पुढील प्रश्न उपस्थित होतात ते म्हणजे या सहसंबंधाचे प्रमाण किती? हा सहसंबंध गणितीय मापकाच्या सहाय्याने मोजता येतो का? या प्रश्नांची उत्तरे देण्यासाठी कार्ल पिअर्सन या संख्या शास्त्रज्ञाने एक मापक दिले त्याला सहसंबंधाचा गुणांक म्हणतात.

सहसंबंध गुणांक :

हे मापक दोन चलांतील रेषीय (Linear) सहसंबंधाचे मोजमाप करते. नमुना माहिती साठ्यासाठी (Sample) गुणांक 4xy दर्शविला जातो. हा सहसंबंधगुणांक खालील सूत्राने काढतात.

$$r_{XY} = \frac{X \text{ व } Y \text{ मधील सहविचलन}}{(\text{Std. deviation } X\text{चे}) \times (\text{Std. deviation } Y\text{चे})}$$

$$r_{XY} = \dfrac{n\sum xy - \sum x . \sum y}{\sqrt{n\sum x^2 - \left(\sum x^2\right)}\sqrt{n\sum y^2 - \left(\sum y^2\right)}}$$

सहसंबंध गुणांकाचे गुणधर्म :

अ) सहसंबंध गुणांकाची कक्षा

$-1 \leq r_{xy} \leq 1$

ब) सहसंबंध गुणांकाची किंमत आरंभबिंदू आणि मोजपट्टी बदलली असता तीच राहते व स्थिर राहते.

क) या गुणांकाला एकक नसते.

हा गुणधर्म व्यावहारिक उपयोगाच्या दृष्टिकोनातून अतिशय महत्त्वपूर्ण आहे. अनेक अभ्यासांमध्ये निरीक्षणांच्या किमती या मोठ्यामोठ्या असतात. (सहस्र, दशसहस्र, लोकसंख्या, जंगलाचे क्षेत्रफळ इत्यादी). तसेच या निरीक्षणांच्या किमतीची कक्षासुद्धा खूप मोठी असते. या बाबींमुळे बऱ्याचदा या माहिती साठ्याची साठवणूक करणे व विश्लेषण करणे हे कठीण होऊन बसते व या दोन्ही गोष्टींना बऱ्याच मर्यादा पडतात. अशा प्रकारची अडचण संगणकाच्या वापरामुळे थोडी कमी करता येते. परंतु पूर्णपणे काढून टाकता येत नाही. यामुळेच गुणधर्म (ब) चे महत्त्व लक्षात येते. या गुणधर्मामुळे चलांच्या मूळ किमतींचा माहितीसाठा करण्यापेक्षा नवीन चलाचा माहितीसाठा करूनही आवाका व कक्षा मूळ चलांच्या आवाका व कक्षांपेक्षा खूप लहान असतात. त्यामुळे त्यांची साठवणूक व विश्लेषण करणे तुलनेने खूप सोपे जाते.

सहसंबंध गुणांकाचा अर्थ व सहसंबंध गुणांकावरून काढण्याचे निष्कर्ष :

सहसंबंध गुणांकाच्या किमतीवरून निष्कर्ष काढण्यासाठी पुढील कोष्टक वापरतात.

	सहसंबंध गुणांकाची कक्षा	काढावयाचा निष्कर्ष
अ)	-1 ते 0.75 (-1, -0, 75)	खूप मोठ्या प्रमाणावर ऋण सहसंबंध किंवा खूप ऋण सहसंबंध (दोन चलांमध्ये खूप प्रमाणात ऋण संबंध आहे.)
ब)	- 0.75 ते -0.5 (-0.75, 0.50)	मध्यम प्रमाणावर ऋणसंबंध अथवा मध्यम ऋण सहसंबंध (दोन चलांमध्ये मध्यम प्रमाणात ऋण सहसंबंध आहे.)
क)	-0.5 ते 0.00 (-0.50, 0.00)	अल्प ऋण संबंध किंवा जवळजवळ ऋण संबंध नाही.
ड)	0.00 ते 0.50 (0..., 0.5)*	अल्प धनसंबंध किंवा जवळजवळ धन संबंध नाही.
इ)	0.5 ते 0.75 (0.5, 0.75)	मध्यम प्रमाणावर धनसहसंबंध अथवा मध्यम धन सहसंबंध (दोन चलांमध्ये मध्यम प्रमाणात धन सहसंबंध आहे.)
ई)	0.75 ते 1.00 (0.75, 1.00)	खूप मोठ्या प्रमाणावर धनसहसंबंध अथवा खूप मोठा सहसंबंध (दोन चलांमध्ये खूप मोठ्या प्रमाणात धन सहसंबंध आहे.)

कक्षा (क) व (ड) च्या बाबतीत निष्कर्ष जरा काळजीपूर्वक काढावा लागतो. कारण बऱ्याचवेळा सहसंबंध गुणांकाची किंमत या कक्षेत येते. पण दोन चलांत सहसंबंध नसतो. असे असतानासुद्धा या गुणांकाची किंमत शून्य न येण्याचे कारण बऱ्याचदा नमुनासाठ्यातील विविधता वा विचलन असते. (Sampling Variation or fluctuation) अशा कक्षेतील किंमतीवरून काढावयाच्या निष्कर्षांसाठी वरील कोष्टकासहित अनुमानात्मक संख्याशास्त्रीय पद्धती वापराव्या लागतात व त्यावरून या किंमतीचे महत्त्व वा तिची सत्य असत्यता ठरवावी लागते.

त्याचबरोबर सहसंबंध गुणांकाच्या किंमती - 1 अथवा 1 असल्यास अतिशय काळजीपूर्वक निष्कर्ष काढावा लागतो. कारण अशा प्रकारच्या किंमती बऱ्याच वेळा 'वरवरचे वा अभासी' सहसंबंध दर्शवितात. म्हणजे आपण अभ्यासत असलेली दोन्ही चले स्वतंत्रपणे तिसऱ्या Z या चलाशी सहसंबंधित असतात व हेच सहसंबंध मोठ्या प्रमाणावर असतात. मात्र X व Y ही दोन्ही चले मात्र निरावलंबित (Independant) असतात. या दोन्ही चलांचे z या चलाशी असलेल्या मोठ्या प्रमाणावरील सहसंबंधामुळे ते एकमेकांशी मोठ्या प्रमाणावर संबंधित दिसतात. अशा परिस्थितीत अर्धसहसंबंध गुणांक (Partial Correlation Coefficient) काढून निर्णय घेतला जातो, तर काही परिस्थितीतीत बहुचल सहसंबंध गुणांक विचारात घ्यावा लागतो. (Multiple Correlation Coefficient).

आणखी एक अत्यंत महत्त्वाची लक्षात घेण्याची बाब म्हणजे सहसंबंध गुणांक. हा फक्त गणितीय व रेषीय (Linear) सहसंबंधाचेच मापन करतो. त्यामुळे 4xy = 0 याचा अर्थ दोन्ही चले परस्परसंबंधित नाहीत असा काढणे धोक्याचे ठरते. यावरून आपण फक्त इतकाच निष्कर्ष काढू शकतो की दोन्ही चले ही गणितीय वा रेषीय रीतीने (Linearly) सहसंबंधित नाहीत. ही चले कदाचित वक्राकार सूत्राने बद्ध असू शकतात. म्हणजेच त्यांच्यात वक्राकार वा भौमितिक प्रकाराचा सहसंबंध असू शकतो. या परिस्थितीत विकीर्णलेख खालीलप्रमाणे दिसतो.

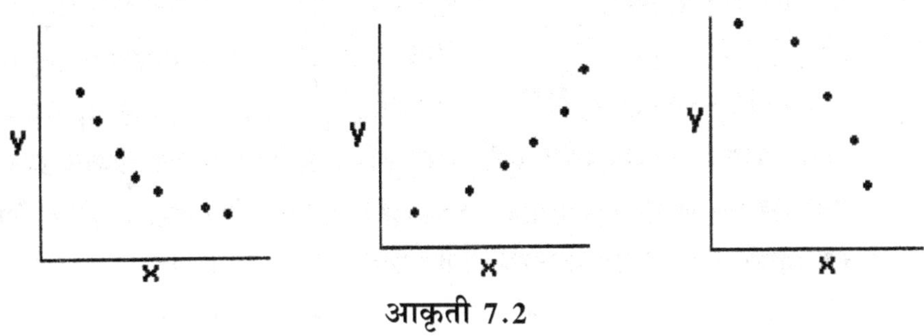

आकृती 7.2

समाश्रयण (Regression)

दोन चलांमधील परस्परसंबंध अथवा सहसंबंध कसा ओळखावा व त्याचे मापन कसे करावे याची चर्चा आपण मागील प्रकरणात केलेली आहे. परंतु वर उल्लेखिलेले मापक फक्त निरवलंबित चलात झालेल्या बदलामुळे अवलंबित चलामध्ये झालेल्या बदलाची दिशा दर्शविते. यामुळेच व सहसंबंध गुणांक हा फक्त गणितीय वा रेषीय सहसंबंध मोजत असल्यामुळे त्याच्या वापराला मर्यादा पडतात. सहसंबंध गुणांकाने उत्तर देता न येण्यासारखे काही प्रश्न खाली वर्णन केले आहेत.

अ) जर निरावलंबित चलाच्या किंमतीमध्ये 'क्ष' एककांनी वाढ किंवा घट केली तर अवलंबित चलाच्या किंमतीत किती एककाने वाढ (घट) होईल.

ब) जर एखाद्या घटकावरील निरावलंबित चलाची किंमत माहीत असेल तर अवलंबित चलाच्या किंमतीचा काही प्रमाणात अंदाज व्यक्त करता येईल का? किंवा अवलंबित चलाच्या किंमतीचे विशिष्ट योग्यतेचे अनुमान लावता येईल का?

क) या दोन चलांच्या सहसंबंधाचे गणितीय सूत्र सांगता येईल का अथवा या सहसंबंधाचे गणितीय प्रतिरूप बनविता येईल का?

वर चर्चिलेल्या प्रश्नांवरून एक गोष्ट नक्कीच स्पष्ट होते की वरील प्रश्नांची उत्तरे देण्यासाठी सहसंबंध गुणांक पुरेसा ठरत नाही तर एखाद्या नव्या संख्याशास्त्रीय विश्लेषक पद्धतीची आवश्यकता असते. ही गरज लक्षात घेऊनच समाश्रयण विश्लेषण पद्धतीचा जन्म झाला.

वर उल्लेखिलेल्या प्रश्नांची काही व्यवहारातील उदाहरणे पाहू या.

1) बऱ्याच वेळा अशी मते हवामानाच्या अभ्यासात मांडली जातात की पवन चक्क्या उभारल्यामुळे एखाद्या ठिकाणचे पर्जन्यमान घटते. जेवढ्या जास्त पवनचक्क्या तेवढे कमी पर्जन्यमान अशा प्रकारचे वादविवाद / चर्चा वारंवार होताना दिसतात. ह्या प्रश्नाचे उत्तर शोधण्यासाठी प्रथम द्विचलीय माहितीसाठा (X1, Y1)…. 0 (Xn, Yn) गोळा करावा. यामध्ये X पवन चक्क्यांची संख्या विशिष्ट ठिकाणच्या Y; विशिष्ट ठिकाणचे पर्जन्यमान जर या दोन चलांमध्ये ऋणसहसंबंध गुणांक आला आणि त्याची किंमत नोंद घेण्याच्या प्रमाणाची / प्रमाणात असेल तर (Significance of the Value of Correlation Coefficient) वर व्यक्त केलेल्या विधानात तथ्य आहे. अन्यथा नाही. परंतु समजा आता असा प्रश्न आला की पवन चक्क्यांची संख्या 'क्ष' ने कमी केली (वाढविली) तर पर्जन्यमानामध्ये किती एककांनी वाढ (घट होईल)? या प्रश्नाचे उत्तर देण्यास हा गुणांक असमर्थ ठरतो.

2) आणखी एक वारंवार चर्चिला जाणारा प्रश्न वा चर्चिले जाणारे विधान म्हणजे ''एखाद्या धरणातील पाठी साठ्याची पातळी आणि ते धरण ज्या भागात आहे त्या भागात घडणाऱ्या वर्षातील भूकंपांची संख्या वा भूकंपाची तीव्रता यांच्यात परस्पर सहसंबंध आहे काय? महाराष्ट्रातील नागरिक या प्रश्नाशी चांगलेच सुपरिचित आहेत. कारण हा प्रश्न कोयना धरणाच्या संदर्भात वारंवार चर्चेत येत असतो. या उदाहरणाचाही ऊहापोह उदाहरण क्रमांक (1) प्रमाणे करता येईल.

3) अंतत: हे तर सर्वश्रुत आहे की पर्जन्यमान (मिमी मध्ये) आणि धरणाची पाणी पातळी पावसाळ्यात महत्त्वाची निरीक्षणे ठरतात. या दोन चलांच्या बाबतीतील माहितीसाठा पूरनियंत्रण आणि पूर व्यवस्थापनात अत्यंत महत्त्वाची भूमिका पार पाडतो. यामुळेच धरणाच्या पाण्याचा विसर्गाचा वेग ठरविता येतो. हा वेग ठरविताना धरणातील पाण्याची पातळी आवश्यक पातळीच्या खाली जाणार नाही याची काळजी घ्यावी लागते. तसेच धरणाची सुरक्षितता व नदीच्या पात्राचा वाढणारा फुगवटा याचासुद्धा विचार करावा लागतो. तसेच नदीच्या पर्जन्यविभागात होणारा पाऊस (Rainfall in the Catchment area of river) हा धरणाच्या पातळीच्या वाढण्याचा वेग नियंत्रित करीत असतो. तसेच तो नदीपात्राची रुंदी वा नदीचा फुगवटा यावर अप्रत्यक्षपणे परिणाम करीत असतो. यामुळे नदीने धोक्याची पातळी ओलांडण्याची वेळ या चलाचे योग्य प्रमाणात व जास्तीत जास्त अचूक निदान पर्जन्यमानाच्या माहीत असलेल्या किमतीवरून करणे अत्यंत आवश्यक ठरते. तसेच पर्जन्यमानाचा बदलण्याचा वेग हा धोक्याची पातळी ओलांडण्याच्या वेळातील बदलावर परिणाम करीत असावा. त्यामुळेच फक्त या दोहोंतील सहसंबंध-गुणांक इथे पुरेसा ठरत नाही तर अनुमान व वेगाशी संबंधित गणिते करावयाची असल्यामुळे समाश्रयण विश्लेषण पद्धतीची गरज पडते. वरील तिन्ही उदाहरणे समाश्रयण पद्धतीची गरज निर्देशित करतात.

समाश्रयण विश्लेषण

दोन चलांच्या किमतीची प्रत्येक घटकांवर निरीक्षणे नोंदविली जातात. या निरीक्षणांचा संच म्हणजे द्विचलीय

माहितीसाठा. ही निरीक्षणे.

(X_1, Y_1) i = 1, 2, ... n अशा रीतीने दर्शविली जातात.

या चलांपैकी एक चल निरावलंबित चल म्हणून विचारात घेतले जाते तर दुसरे चल अवलंबित चल म्हणून विचारात घेतले जाते. सामान्यत: निरवलंबित चल X ने व अवलंबित चल Y ने दर्शविल जाते.

या अभ्यासाचा मुख्य उद्देश X व Y यांच्यातील सहसंबंध गणितीय सूत्रात बद्ध करणे अथवा X व Y यांच्यातील सहसंबंध सांगणारे गणितीय समीकरण शोधून काढणे हा होय. अन्य भाषेत सांगायचे तर असे नाते वा नियम शोधून काढणे की Y = f (x) गणितीय भाषेत मांडता येईल.

दुसऱ्या टप्प्यात या समीकरणातील X च्या सहगुणकाची व स्थिरांकाची किंमत उपलब्ध माहिती साठ्यातील किंमती आणि योग्य ती गणितीय पद्धत वापरून काढणे हे काम केले जाते.

काही काही वेळा X = g (y) अशा प्रकारचे समीकरणसुद्धा काढावे लागते. हे करीत असताना वरील पद्धतीत X and Y यांची भूमिका बदलून त्याच पद्धतीने काम केले जाते.

वरील पद्धतीने सहसंबंधासाठीचे गणितीय समीकरण तयार करण्याला 'समाश्रयण विश्लेषण' म्हणतात, तर X ला Y चा 'समाश्रयक' म्हणतात. जर 'f' हे द्वितीय घाताचे समीकरण असेल तर अशा समाश्रयणाला ''द्विघातीय वा द्विवक्रीय समाश्रयण म्हणतात. अशाच प्रकारे 'f' च्या प्रकारावरून समाश्रयणाला नावे दिली जातात.

रेषीय समाश्रयणाचे समीकरण काढण्याची पद्धत

X निरावलंबित चल Y : अवलंबित चल.

समजा Y = f (x) = a + bx हे Y अवलंबित x चे रेषीय समाश्रयणाचे समीकरण आहे. हेच समीकरण दुसऱ्या पद्धतीने खालीलप्रमाणे लिहिता येऊ शकते.

Y = a + b X

असे लिहिण्याचे कारण की या स्वरूपात ते समजण्यास सोपे तर जातेच शिवाय a, b चा अर्थही चटकन लक्षात येतो. हे समीकरण मिळविण्यासाठी माहिती साठ्यावरून a आणि b च्या अनुमानात्मक किंमती काढाव्या लागतील.

अशा प्रकारे अनुमानात्मक किंमती काढण्यासाठी वापरण्यात येणाऱ्या पद्धतीला 'कमीत कमी वर्गाची वा न्यूनतम वर्गाची पद्धत' असे म्हणतात.

a व b च्या अनुमानात्मक किंमती खालील सूत्राने काढता येतात.

$$b = \frac{n\sum xy - \sum x . \sum y}{n\sum x^2 - (\sum x)^2}$$

$$a = \overline{Y} - b\overline{X}$$

पुढे दिलेल्या तक्त्यात नदीच्या उगमापासून अंतर व नदीतील बेटांची संख्या दिलेली आहे. या आकडेवारीवरून बेटांची संख्या व उगमापासून अंतर यात किती सहसंबंध आहे ते ठरविण्यासाठी, सहसंबंध गुणांक काढता येईल. त्याकरता कार्ल पिअर्सन व स्पिअरमन या दोन्ही पद्धती वापरता येतात. हा सहसंबंध समाश्रयण रेषेने दाखविला जातो व त्याकरता समाश्रयण रेषेचे सूत्र निश्चित केले जाते.

| उगमापासून अंतर (मीटर) | 20, | 11, | 15, | 18, | 10, | 7, | 8, | 15, | 20, | 60 |
| बेटांची संख्या | 5, | 5, | 4, | 3, | 4, | 3, | 3, | 2, | 2, | 12 |

सहसंबंध गुणांक (Coefficient of Corelation)

पिअर्सन यांची पद्धती :

$$\text{सूत्र } r = \frac{\text{cov.xy}}{\sigma x \sigma y} \text{ ; म्हणजेच}$$

$$r = \frac{\text{क्ष आणि य मधील सहप्रचरण}}{\text{क्ष चे प्रमाणित विचलन} \times \text{य चे प्रमाणित विचलन}}$$

सूत्रातील संख्या मिळविण्यासाठी पुढीलप्रमाणे सारणी तयार करावी.

(सारणी 11)

X अंतर (मी)	Y संख्या	$X-\bar{X}$	$(X-\bar{X})^2$	$(Y-\bar{Y})$	$(Y-\bar{Y})^2$	$(X-\bar{X})(Y-\bar{Y})$
20	5	1.6	2.56	0.7	0.49	1.12
11	5	- 7.4	54.76	0.7	0.49	- 5.18
15	4	-3.4	11.56	-0.3	0.09	1.02
18	3	-0.4	0.16	-.13	1.69	0.52
10	4	-8.4	70.56	- 0.3	0.09	2.52
7	3	-11.4	129.96	- 1.3	1.69	14.82
8	3	-10.4	108.16	-1.3	1.69	13.52
15	2	-3.4	11.56	-2.3	5.29	7.82
20	2	1.6	2.56	-2.3	5.29	- 3.68
60	12	41.6	1730.56	7.7	59.29	320.32
184	43	0	2122.40	0	76.10	352.80
18.4	4.3	सरासरी				

$$\text{cov.xy} = \frac{\left[\sum (X-\bar{X}).(Y-\bar{Y})\right]}{n} = \frac{352.8}{10} = 35.28$$

$$\sigma x = \sqrt{\frac{\sum (X-\bar{X})^2}{n}} = \sqrt{\frac{2122.4}{10}} = 14.56$$

यावरून सहसंबंध गुणांकाची संख्या पुढीलप्रमाणे ठरविली जाईल.

$$r = \frac{35.28}{(14.56)(2.76)} = \frac{35.28}{40.19} = 0.88$$

पिअर्सने यांचे हेच सूत्र,

$$r = \frac{n\sum xy - \sum x . \sum y}{\sqrt{n\sum x^2 - \left(\sum x^2\right)}\sqrt{n\sum y^2 - \left(\sum y^2\right)}}$$

असेही मांडता येते. याकरता पुढील सारणी बनवावी लागेल.

(सारणी 12)

X	Y	X^2	Y^2	XY
20	5	400	25	100
11	5	121	26	55
15	4	225	16	60
18	3	324	9	54
10	4	100	16	40
7	3	49	9	21
8	3	64	9	24
15	2	225	4	30
20	2	400	4	40
60	12	3600	144	720
184	43	5508	261	1144

वरील आकडेवारीवरून मिळणारी सहसंबंध गुणांकाची किंमतही पहिल्या पद्धतीप्रमाणे मिळालेल्या संख्येएवढीच दिसून येईल.

$$r = \frac{10(1144) - (184)(43)}{\sqrt{10(5508) - (184)^2}\sqrt{10(261) - (43)^4}}$$

$$= \frac{3528}{145.68 \times 27.58} = \frac{3528}{4017.85} = 0.88$$

स्पिअरमन यांची क्रमसूचक श्रेणी पद्धत : या पद्धतीत क्ष व य चलांच्या किंमती लक्षात घेऊन, प्रत्येक किंमतीचा अनुक्रम ठरवावा लागतो. सर्वांत मोठ्या किंमतीत 1 ला क्रमांक व त्यानंतरच्या मोठ्या किंमतीला दुसऱ्या प्रमाणे क्रम दिले जातात. चलाची एकच किंमत दोनदा आली तर या अनुक्रमांची सरासरी काढून तो क्रम दोन्ही किंमतींना द्यावा लागतो. तीन किंमती सारख्या आल्या तर तिन्हींच्या अनुक्रमांची सरासरी किंमत काढून तीच किंमत क्रम म्हणून लिहावी लागते. (उदा. 4 ही अनुक्रमाची किंमत दोनदा आली तर $\left(\frac{4+5}{2}\right)$ म्हणजे हा क्रमसूचक अंक 4.5 (Rank Order) घ्यावा. अनुक्रमाची किंमत 3 वेळा आली तर $\frac{6+7+8}{3}$ हा क्रमसूचक अंक घ्यावा.

वरील उदाहरणात ही क्रमसूचक सूची पुढीलप्रमाणे तयार होईल.

(सारणी 13)

X	Y अंक (x)	क्रमसूचक अंक (y)	क्रमसूचक फरक	D	D^2
20	5	2.5	2.5	0	0
11	5	5.0	2.5	2.5	6.25
15	4	4.5	3.5	1.0	1.0
18	3	3.0	5.0	-2.0	4.0
10	4	6.0	3.5	2.5	6.25
7	3	8.0	5.0	3.0	9.0
8	3	7.0	5.0	2.0	4.0
15	2	4.5	6.5	-2.0	4.0
20	2	2.5	6.5	-4.0	16.0
60	12	1.0	1.0	0	0
					50.50

सहसंबंध गुणांक पुढील सूत्र वापरून काढला जातो.

$$r = 1 - \frac{6\sum d^2}{n(n^2-1)} = 1 - \frac{6\sum d^2}{n^3-n} = 1 - \frac{6(50.50)}{10^3-10} = 1 - \frac{303}{990}$$

$= 1 - 0.30 = 0.7$

हा सहसंबंध समाश्रयण रेषेने दाखवताना, समाश्रयणरेषेचे

$y = a + bx$ हे सूत्र वापरले जाते.

इथे $b = \dfrac{n\sum xy - \sum x \sum y}{n\sum x^2 - \left(\sum x\right)^2}$ व $a = \bar{y} - b\bar{x}$

ही a आणि b साठी सूत्रे वापरून व वर दिलेल्या दोन्ही सारणीतील आवश्यक त्या बेरजा वापरून समाश्रयरेषेचे सूत्र,

$y = a + bx$ हे पुढीलप्रमाणे निश्चित करता येते.

$$b = \frac{10(1144) - (184)(43)}{10(5508) - (184)^2} = \frac{3528}{21224} = 0.17$$

$a = 4.3 - (0.170 (18.4) = 4.3 - 3.13 = 1.17$

म्हणजेच $y = 1.17 + 0.17x$ हे सूत्र मिळेल. मूळ सारणीतल अंतर 'क्ष' या अक्षावर व बेटांची संख्या 'य' अक्षावर दाखवून 'क्ष' च्या कोणत्याही दोन संख्यासाठी 'य' च्या किमती सूत्रावरून शोधाव्या.

(क्ष ची किमत 10 असल्यास य ची किंमत

$y = 1.17 + 0.17 (10) = 2.87$

व क्ष ची किमत 20 असल्यास य ची किंमत

y = 1.17 + 0.17 (20) = 4.17 असेल.)

मूळ आकडेवारीवरून विकीर्णलेख (Scatter Diagram) काढला जातो आणि 'य' च्याव र सांगितल्याप्रमाणे मिळालेल्या दोन किमती जोडून समाश्रयण रेषा काढली जाते. (आकृती 11 पाहा.)

'r' चे मूल्य किती योग्य आहे ते ठरविण्यासाठी 't' चाचणीचा वापर केला जातो. यासाठी पुढील सूत्र वापरतात.

$$t = \sqrt{\dfrac{r^2 - (n-2)}{1 - r^2}}$$

(इथे r = सहसंबंध गुणांक व

n = चलातील एकूण संख्या)

विमुक्त संख्यामान n-2 असतांना 't' चे कोष्टक मूल्य पाहून 'r' चे मूल्य कितपत योग्य आहे ते तपासले जाते.

समाश्रयणरेषेपासून (आ. 7.3) विकीर्णलेखातील प्रत्येक बिंदू किती दूर आहे हे पाहून त्यातील अवशिष्ट मूल्य (Residuals) ठरविले जाते. प्रत्येक बिंदूवरून समाश्रयणरेषेवर लंब टाकून अथवा $\hat{y} - y$ या सूत्राने अवशिष्ट मूल्ये मिळविता येतात.

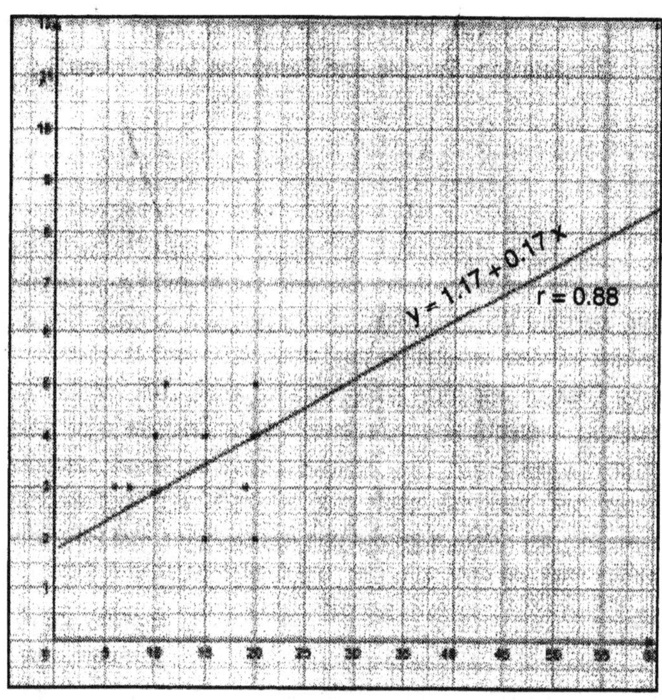

आकृती 7.3

ब) गृहीततत्त्वांची चाचणी (Testing of Hypothesis)

एखाद्या समष्टीचा अभ्यास करण्याकरिता किंवा त्यासंबंधी काही निष्कर्ष काढण्याकरिता त्या समष्टीतून (Population) यादृच्छिक नमुने (Random Samples) घेतले जातात. या नमुन्यांच्या साहाय्याने समष्टीसंबंधी सांख्यिकी अनुमाने (Statistical Inferences) काढली जातात. यासाठी गृहीततत्त्वांची चाचणी (Hypothesis testing) केली जाते.

सांख्यिकी गृहीततत्त्व (Statistical hypothesis) म्हणजे नमुन्याच्या सांख्यिकीच्या आधारे, समष्टीच्या परिमाणाबद्दल किंवा समष्टीतील आकडेवारीच्या वितरणाबद्दल केलेले विधान असते. काही विशिष्ट कार्यकारणभावावर आधारित असे हे विधान असते. गृहीततत्त्वांची चाचणी करण्यापूर्वी सर्वप्रथम अशा रीतीने एक विधान तयार केले जाते. त्यानंतर, नमुन्यांच्या साहाय्याने सांख्यिकी गोळा केली जाते. व विविध चाचण्या वापरून, समष्टीसंबंधी केलेली गृहीततत्त्वे तपासली जातात.

शून्यवत व पर्यायी गृहीततत्त्वे (Null and Alternative Hypothesis)

शून्यवत गृहीततत्त्वाला (Ho) आधारभूत विधान (Baseline Statement) म्हणतात. समष्टीची सरासरी व नमुन्याची सरासरी यांतील फरक महत्त्वपूर्ण नाही. किंवा या दोघांत फारसा फरक नाही अशा अर्थाने हे विधान केले जाते. (Hypothesis of No Difference)

याउलट समष्टी सरासरी व नमुन्याची सरासरी यांतील फरक अर्थपूर्ण आहे. अशा अर्थाच्या विधानास पर्यायी गृहीततत्त्व (H₁) असे म्हणतात.

एकदा शून्यवत गृहीततत्त्व तयार केले की ते विधान चूक किंवा बरोबर ठरू शकते. गृहीततत्त्वाच्या अभिव्यक्तीत होणारी ही चूक दोन प्रकारची असते. (Type I and II error) पहिल्या प्रकारात शून्यवत गृहीततत्त्व खरे असूनही त्याज्य ठरविले जाते व दुसऱ्या प्रकारात चुकीचे शून्यवत गृहीततत्त्व हे मान्य केले जाते. हे ठरविण्यासाठी विशिष्ट अशा अर्थपूर्णत्वाच्या पातळीवर (Level of Significance) शून्यवत गृहीततत्त्व त्याज्य ठरविले जाते किंवा मान्य केले जाते. सामान्यपणे 0.5 व 0.01 या अर्थपूर्णत्वाच्या पातळ्यांवर विधान ग्राह्य किंवा त्याज्य ठरविले जाते. (Level of Rejection). याचा अर्थ असा की 0.5 किंवा 5% पातळीवरील निर्णय 95% योग्य आहेत व 0.1 किंवा 1% पातळीवरील निर्णय 99% योग्य आहेत. शून्यवत गृहीततत्त्व त्याज्य ठरविले गेल्यास पर्यायी गृहीततत्त्व ग्राह्य मानले जाते. जेव्हा अर्थपूर्णत्वाची पातळी .05 किंवा 5% असते तेव्हा त्याचा अर्थ, शून्यवत गृहीततत्त्व योग्य असूनही त्याज्य ठरविले जाण्याची शक्यता 5% सूचित केलेली असते. म्हणजे निर्णयातली चूक शंभरात पाच वेळा असू शकते.

शून्यवत गृहीततत्त्व ग्राह्य किंवा त्याज्य ठरविण्याची निर्णय प्रक्रिया निष्कर्ष-मूल्य व कोष्टकमूल्य यांच्या संदर्भात केली जाते. सांख्यिकी चाचणीचे निष्कर्षमूल्य (Calculated Value) जर कोष्टक मूल्यापेक्षा (Tabulated Value) कमी असेल म्हणजेच क्रांतिक्षेत्राच्या (Critical region) अलिकडे असेल तर शून्यवत गृहीततत्त्व ग्राह्य मानले जाते. मात्र याउलट परिस्थितीत म्हणजे निष्कर्षमूल्य कोष्टकमूल्यापेक्षा जास्त असल्यास ते त्याज्य ठरविले आहे.

गृहीततत्त्वाच्या चाचणीत नमुनासांख्यिकी ही समष्टिसांख्यिकीतूनच (Population) घेतलेली असते. नमुना घेताना तो ज्या प्रयोगाअंती घेतला असेल किंवा ज्या पद्धतीने घेतला असेल त्यानुसार नमुन्याचा आकार असतो. (Sample Size) या नमुन्यात जेवढी निरीक्षणमूये समाविष्ट केली जातात. तीही नमुना ज्या परिस्थितीत घेतला गेला त्यावरही ठरतात. अर्थातच नमुन्याचा आकार म्हणजेच नमुन्यातील निरीक्षणमूल्यांची संख्या, गृहीततत्त्व चाचणीत महत्त्वाचा ठरतो. नमुना - आकाराचे हे महत्त्व लक्षात घेण्याचे काम 'विमुक्त संख्यामान' (Degrees of freedom) करते. 'विमुक्त संख्यामान' याचा अर्थ नमुन्यातील स्वतंत्र किंवा अवलंबून नसलेली, स्वावलंबी (Independant) निरीक्षणे. ही निरीक्षणे अभ्यासकाच्या इच्छेनुसार, जेवढ्या गटांत समाविष्ट करता येतात ती गट संख्या म्हणजे विमुक्त संख्यामान. सामान्यपणे संख्यामान n-1 असे असते. कोष्टकस्वरूपात (Contingency table) असलेल्या

निरीक्षणमूल्यांच्या बाबतीत मात्र (r-1) (c-1) या पद्धतीने संख्यामान ठरविले जाते.

गृहीततत्त्व चाचणीची मांडणी – गृहीततत्त्वे व त्यांची चाचणी ही एका विशिष्ट पद्धतीत मांडली जातात. ती पुढीलप्रमाणे.

H_0 - शून्यवत गृहीततत्त्व

H_1 - पर्यायी गृहीततत्त्व

L.S. - अर्थपूर्णत्वाची पातळी - 0.05 / 0.01

D.F. - विमुक्त संख्यामान

Test Value - चाचणीमूल्य / निष्कर्षमूल्य

Table Value - कोष्टकमूल्य

Decision - निर्णय

H0 Accepted / Rejected - शून्यवत गृहीततत्त्व ग्राह्य / त्याज्य.

गृहीततत्त्व चाचण्यांचे प्रकार : गृहीततत्त्वांच्या चाचण्या सामान्यपणे दोन प्रकारांत विभागल्या जातात.

1) परिमाणरहित (Non Parametric) व

2) परिमाणात्मक (Parametric) चाचण्या

परिमाणरहित चाचण्या (Non Parametric tests) नमुनावितरणांची सैद्धांतिक वितरणांशी (Theoretical distributions) तुलना केली जाते किंवा दोन वेगळ्या वितरणांची एकमेकांशी तुलना केली जाते तेव्हा त्या चाचणीस परिमाणरहित चाचणी असे म्हटले जाते. समष्टीतील निरीक्षण मूल्यांच्या वितरणाबाबत, समष्टीच्या अमर्याद आकारामुळे जेव्हा काहीच कल्पना करता येत नाही तेव्हा त्या चाचण्या उपयुक्त ठरतात. जेव्हा वितरणे एकशिखरी किंवा बहुशिखरी (Multimodal) असतात तेव्हाही या चाचण्यांचा उपयोग होतो. बऱ्याच वेळा नमुन्यातील निरीक्षणमूल्ये ही मोजदाद केलेल्या स्वरूपात (Counted) असली तर परिमाणरहित चाचण्यांचा वापर केला जातो. वाय स्केअर के एस या प्रमुख परिमाणरहित चाचण्या आहेत.

x^2 **चाचणी :** अपेक्षित वितरण व प्रत्यक्ष वितरण यांची तुलना करणाऱ्या या चाचणीस 'एकवाक्यतेच्या योग्यतेची चाचणी' म्हटले जाते. यात प्रामुख्याने निव्वळ वारंवारता या स्वरूपात निरीक्षणे वापरली जातात. एक व दोन किंवा जास्त नमुन्यांसाठी ही पद्धत कशी वापरावी ते पुढे दिली आहे.

x^2 **test (एक नमुना पद्धती) :** सागरी किनारी असलेल्या एका पुळणीवर चिखलयुक्त गाळाचे जे तुकडे आढळले त्यांची माहिती पुढील तक्त्यात दिली आहे. चिखलयुक्त गाळांच्या तुकड्यांचे हे वितरण, अपेक्षित वितरणापेक्षा फारसे भिन्न नाही हे गृहीततत्त्व विश्वासार्हतेच्या 0.05 व 0.01 या पातळ्यांवर 'काय स्केअर' या चाचणीचा वापर करून ग्राह्य अथवा त्याज्य ठरवा.

सारणी 14

पुळण प्रदेश	A	B	C	D	E	F	G	H	I	J
तुकड्यांची संख्या	12	17	19	11	24	18	9	14	26	23

$$X^2 = \sum \frac{(O - E^2)}{E}$$ हे सूत्र वापरण्यासाठी पुढील आकडेवारी तयार करणे आवश्यक आहे.

चिखलयुक्त तुकड्यांची अपेक्षित संख्या ही तुकड्यांच्या प्रत्यक्ष संख्येची सरासरी असेल म्हणजेच ती

$\dfrac{\Sigma X}{N}$ या सूत्राप्रमाणे $\dfrac{173}{10}$ = 17.3 असेल

सारणी 15

प्रत्यक्ष संख्या (O)	अपेक्षित संख्या (E)	O-E	(O-E)^2	$\dfrac{(O - E^2)}{E}$
12	17.3	-5.3	28.09	1.62
17	17.3	-0.3	0.09	0.005
19	17.3	1.7	2.89	0.17
11	17.3	-6.3	39.69	2.29
24	17.3	6.7	44.84	2.59
18	17.3	0.9	0.49	0.28
9	17.3	-8.3	68.89	3.98
14	17.3	-3.3	10.89	0.63
26	17.3	8.7	75.69	4.38
23	17.3	5.7	32.49	1.87
				17.57

यावरून चाचणीची मांडणी पुढीलप्रमाणे केलीजाते.

H_0 : शून्यवत गृहीततत्त्व : चिखलयुक्त गाळाच्या तुकड्यांचे प्रत्यक्ष वितरण व त्याचे अपेक्षित वितरण यांत लक्षणीय फरक नाही.

LS : विश्वासार्हतेच्या पातळ्या : 0.05 : 0.01

DF : विमुक्त संख्यामापन : n-1 = 10-1 = 9

x^2 (cal) : x^2 चे निष्कर्ष मूल्य : 17.57

x^2 (tab) : x^2 चे कोष्टकमूल्य : 0.05 पातळीसाठी 16.919 व 0.01 पातळीसाठी 21.666 (कोष्टकमूल्यासाठी पुढे दिलेले परिशिष्ट पाहावे.)

निष्कर्ष : x^2 चे मूल्य 0.05 पातळीसाठी कोष्टकमूल्यापेक्षा जास्त असल्यामुळे या पातळीवर गृहीततत्त्व त्याज्य तर 0.01 पातळीवर ग्राह्य ठरेल.

कोष्टक किंवा दुहेरी वर्गीकरण

x^2 text : Contingency Table

जेव्हा निरीक्षणांचे वर्गीकरण हे दोन घटकांच्या साहाय्याने केले जाते तेव्हा निरीक्षण मूल्यांचे कोष्टक स्वरूपात सादरीकरण करून, निरीक्षणमूल्यांचे वितरण व अपेक्षित मूल्यांचे वितरण यांची तुलना केली जाते.

पुढील उदाहरणात विविध प्रदेशांत आढळणाऱ्या काही वृक्षप्रकारांचे वितरण दाखविले आहे.

सारणी 16

वृक्षप्रकार	डोंगरमाथा	डोंगर उतार	नदी खोरे	एकूण
अ	30	10	10	50
ब	50	30	20	100
क	50	60	40	150
ड	10	20	20	50
एकूण	140	120	90	350

शेवटच्या स्तंभात व शेवटच्या ओळीत याची एकूण बेरीज करून घ्यावी. या बेरजांच्या आधारे व पुढील सूत्राचा वापर करून अपेक्षित वितरणाचे कोष्टक मिळवावे.

$$\text{Expected Frequency} = \frac{\text{Row Total} \times \text{Column Total}}{\text{Grand Total}}$$

$$\text{अपेक्षित मूल्य} = \frac{\text{ओळीतील बेरीज} \times \text{स्तंभातील बेरीज}}{\text{एकूण बेरीज}}$$

(उदाहरणार्थ : 30 या पहिल्या संख्येचे अपेक्षित मूल्य = $\dfrac{50 \times 140}{350}$ = 20)

याप्रमाणे प्रत्येक संख्येचे मूल्य काढावे व पुढील प्रकारचे कोष्टक तयार करावे.

सारणी 17

प्रदेश वृक्षप्रकार	डोंगरमाथा	डोंगर उतार	नदी खोरे	एकूण
अ	20	17.1	12.9	50
ब	40	34.3	25.7	100
क	60	51.4	38.6	150
ड	20	17.1	12.9	50
एकूण	140	120	90	350

अपेक्षित वितरण व प्रत्यक्ष वितरण यात महत्त्वपूर्ण फरक आहे किंवा नाही हे गृहीततत्त्व तपासण्यासाठी काय स्केअरचे मूल्य पुढीलप्रमाणे ठरविले जाईल.

सारणी 18

प्रत्यक्ष संख्या (O)	अपेक्षित संख्या (E)	O-E	$(O-E)^2$	$\dfrac{(O-E^2)}{E}$
30	20	10.0	100.00	5.00
50	40	10.0	100.00	2.50
50	60	-10.0	100.00	1.67
10	20	-10.0	100.00	5.00
10	17.1	-7.1	50.41	2.94
30	34.3	- 4.3	18.49	0.54
60	51.4	8.6	73.96	1.44
20	17.1	2.9	8.41	0.49
10	12.9	2.9	8.41	0.49
20	25.7	-5.7	32.49	1.26
40	38.6	1.4	1.96	0.05
20	12.9	7.1	50.41	3.90
				25.46

चाचणीची मांडणी

H_0 : शून्यवत गृहीततत्त्व : वृक्षप्रकार व त्यांचे स्थान यासंबंधीचे प्रत्यक्ष वितरण अपेक्षित वितरणापेक्षा फारसे वेगळे नाही.

L.S. : विश्वासार्हतेच्या पातळ्या : 0.05 व 0.01

D.F. : विमुक्त संख्यामान, दुहेरी वर्गीकरण असताना हे संख्यामान (r-1)(c-1) म्हणजेच (ओळींची संख्या-1) (स्तंभांची संख्या - 1) याप्रमाणे येथे (4-1)(3-1) = 6 एवढे असेल.

x^2 (cal) : x^2 निष्कर्षमूल्य 25.46

x^2 (tab) : x^2 कोष्टकमूल्य 0.05 साठी 12.592 व 0.01 साठी - 16.812 (कोष्टकमूल्यासाठी परिशिष्ट पाहावे.)

निष्कर्ष : x^2 चे निष्कर्षमूल्य हे दोन्ही पातळ्यांवर कोष्टकमूल्यापेक्षा जास्त आहे. त्यामुळे वर सांगितलेले शून्यवत गृहीततत्त्व त्याज्य ठरवावे.

परिमाणात्मक चाचण्या (Parametric Tests)

ज्या चाचण्यामध्ये विविध नमुने अथवा समष्टीच्या परिमाणांचे विश्लेषण केले जाते. त्यास परिणामत्मक चाचण्या म्हटले जाते. या चाचण्यांत, समष्टीचे वितरण हे प्रसामान्य (Normal) आहे असे गृहीत धरलेले असते. जेव्हा सांख्यिकीतील निरीक्षण मूल्ये मोजमाप केलेली (Measurement Format) असतात तेव्हा या चाचण्या वापरता येतात. स्टुडंटची टी चाचणी Student's 't' test) व स्नेडेकोरची एफ चाचणी (Snedecor's 'F' test) या प्रमुख परिमाणात्मक चाचण्या आहेत.

प्रकरण 8

भूगोलातील क्षेत्र अभ्यास
(Field Study in Geography)

भूगोल अभ्यास सहल

एखादी गोष्ट चार भिंतींमध्ये शिकवण्यापेक्षा प्रत्यक्ष फिल्डवर नेऊन शिकवली तर ती विद्यार्थ्यांच्या कायम लक्षात राहते. या उद्देशाने कॉलेजांमधून. भूगोल अभ्यास सहलींच आयोजन केले जाते अभ्यासक्रमाचा भाग म्हणून विद्यार्थ्यांना असे दौरे बंधनकारक आहेत. कारण आजच्या मल्टिमीडिया आणि आयटी युगामध्ये पुस्तकातलं वर्णन प्रत्यक्ष डोळ्यांनी पाहायला, अनुभवायला मिळालं तर विद्यार्थ्यांची आकलनशक्ती वाढायला मदत होते. तसंच शब्दातून व्यक्त करण्याची त्यांची क्षमताही वाढते.

कला, वाणिज्य किंवा विज्ञान शाखांसाठी अशा प्रकारच्या भूगोल अभ्यास सहली आयोजित केल्या जातात. यांत प्राकृतिक भूगोलाची माहिती आणि विविध भौगोलिक ठिकाणांना भेटींचा समावेश केला जातो. वाणिज्य शाखांद्वारे औद्योगिक ठिकाणे, आर्थिकदृष्ट्या महत्त्वाच्या संस्थांना भेटी दिल्या जातात, तर विज्ञान विभाग विविध रासायनिक प्रयोगशाळा, संशोधन शाळा, वनस्पतींचे विविध प्रकार, प्राण्यांच्या विविध जाती शोधण्यासाठी आणि या सर्वांचं संकलन करण्यासाठी जास्त विविधता असलेल्या ठिकाणी सहली काढल्या जातात.

अशा प्रकारच्या विद्यार्थ्यांच्या सहली परदेशात प्रचलितआहेत. परदेशातल्या त्या-त्या देशांच्या सर्व प्रांतांतून, जंगलातून, पर्वतराजीतून विद्यार्थ्यांना अभ्यास सहलीसाठी नेले जाते. अशा सहलींची योजनाबद्ध आखणी आणि नियोजन केले जाते. ते करताना विद्यार्थ्यांच्या शिक्षणक्रमातल्या भूगोल, भूरचना, वन्यजीवन इत्यादींचं प्रत्यक्ष ज्ञान या सहलींद्वारे मिळावं, यावर भर दिला जातो. पायी चालणं, डोंगर चढणं वगैरे क्रियांमुळे विद्यार्थी शारीरिकदृष्ट्याही सक्षम आणि सुदृढ बनतात. जास्त दिवसांच्या मोठ्या सहली दीर्घ सुट्ट्यांमध्ये, तर लहान-लहान सहलीशाळा-कॉलेज चालू असतानाच जवळपासच्या ठिकाणी काढल्या जातात. अशा सर्व प्रकारांच्या सहलींमध्ये शिक्षकही सहभागी होत असल्याने, विद्यार्थी आणि शिक्षक यांच्यात जवळीक आणि जिव्हाळा वाढतो. तसेच स्वावलंबन, कष्ट, काटकसर, स्वयंशिस्त इत्यादी गोष्टी विद्यार्थ्यांनासुद्धा अनुभवाने शिकायला मिळतात. प्रत्यक्ष पायाखालून सगळा प्रदेश घातल्याने मिळणारे ज्ञान जास्त चांगल्यापद्धतीने प्राप्त होऊ शकते.

भूगोल अभ्यास सहलींचं विशिष्ट उद्दिष्ट्य, हेतू, उपयुक्तता इत्यादी बाबी विचारात घेऊन आयोजन करणे गरजेचे असते. त्यासाठी पूर्वतयारी आवश्यक असते. सहलीत सहभागी होणाऱ्या विद्यार्थ्यांनी कोणकोणत्या स्थळांना भेटी द्यायच्यात, तिथे काय-काय पाहायचंय, कोणकोणती माहिती मिळवायचीय, कोणती टिपणं काढायची. या सगळ्याची पूर्वसूचना तसेच सहभागी विद्यार्थ्यांनी अभ्यास सहलीला येताना काय तयारी करावी, कोणत्या वस्तू बरोबर घ्याव्यात, सहलीचा एकूण कार्यक्रमाची माहिती, निघण्याच्या वेळा, मुक्कामाला पोहोचण्याच्या वेळा, मुक्कामाची ठिकाणं, तिथली भौगोलिक, प्रेक्षणीय स्थळांची माहिती आधी देणे आवश्यक ठरते. त्यामुळे विद्यार्थ्यांच्या

ज्ञानात भर पडते. प्रत्यक्ष निरीक्षणातून वेगवेगळ्या विषयातलं ज्ञान वाढीला लागतं आणि अशा अभ्यासातून विषयात जास्त रस निर्माण व्हायला मदत होते. म्हणूनच भूगोलाच्या अभ्यासक्रमांमध्ये अभ्यास सहलींचा समावेश केला आहे.

क्षेत्र अभ्यास

नैसर्गिक आणि मानवनिर्मित पर्यावरणातील विविध घटकांचे निरीक्षण आणि माहिती गोळा करण्याची प्रक्रिया म्हणजे क्षेत्र अभ्यास.

भूगोल विषयाच्या दोन मुख्य शाखा आहेत 'प्राकृतिक भूगोल' आणि 'मानवी किंवा सांस्कृतिक भूगोल.' भूगोलाच्या विद्यार्थ्यांना क्षेत्र अभ्यासामुळे तो विषय अधिक चांगला समजण्यास मदत होते. त्यामुळे क्षेत्र अभ्यासाला भूगोलामध्ये अधिक महत्त्व आहे. भूगोलाच्या विद्यार्थ्यांना क्षेत्र अभ्यासाची अत्यंत आवश्यकता असण्याची अनेक करणे आहेत त्यापैकी काही पुढीलप्रमाणे-

1. प्रत्यक्ष अभ्यास क्षेत्रात गेल्याने थेट निरीक्षण करणे आणि प्राथमिक माहिती गोळा करणे सुलभ जाते.
2. वर्गानं घेतलेले विषयाचे ज्ञान व प्रत्यक्ष अभ्यास क्षेत्रात केलेली निरीक्षणे यामुळे विद्यार्थ्यांना भौगोलिक संकल्पना चांगल्या प्रकारे समजून घेण्यास मदत मिळते.
3. नियमित कालांतराने एकाच ठिकाणचे वारंवार क्षेत्र निरीक्षण करणे एखाद्या घटनेचे बदलते स्वरूप व काळ समजून घेण्यास मदत करते. उदा. ऋतुमानानुसार विहीर, तलाव, सरोवरातील पाण्याच्या पातळीत झालेले बदल.
4. क्षेत्र अभ्यासामुळे विद्यार्थ्यांच्या निरीक्षण शक्तीमध्ये वाढ होते.
5. क्षेत्र अभ्यासामुळे विद्यार्थ्यांची चौकसवृत्ती जागृत होते.
6. नकाशा वाचन, नकाशा काढणे क्षेत्र रेखाटने आणि भौगोलिक साधनांचा वापर यामध्ये सुधारणा होईल.
7. क्षेत्र अभ्यास ही विद्यार्थ्याला विविध वातावरणात अनुभवण्याची आणि जुळवून घेण्याची संधी आहे.
8. विद्यार्थ्यांची या विषयाबद्दल आवड वाढवण्यासाठी आणि पर्यावरणाची काळजी घेण्यास मदत होते.

क्षेत्र कामाची प्रक्रिया

प्राकृतिक भूगोल आणि मानवी भूगोल अभ्यासण्यासाठी क्षेत्रअभ्यास अगदी भिन्न आहेत. प्राकृतिक भूगोलाच्या कामामध्ये प्रत्यक्ष निरीक्षणे, छायाचित्रण, क्षेत्र स्केच, नकाशांचा वापर, उपग्रह प्रतिमा इत्यादींचा समावेश होतो. मानवी भूगोल अभ्यासासाठी नमुना सर्वेक्षण, प्रश्नावली तयार करणे, मुलाखती आणि सांख्यिकी आकडेवारी विश्लेषण करण्यासाठी सांख्यिकीय तंत्रांचा वापर आवश्यक आहे.

कोणत्याही क्षेत्र अभ्यासाचे तीन टप्पे आहेत -   1. अभ्यासक्षेत्रास भेट देण्यापूर्वीच नियोजन
2. प्रत्यक्ष अभ्यासक्षेत्रास भेट
3. अभ्यास क्षेत्राला भेट देऊन आल्या नंतरची कामे

अभ्यासक्षेत्रास भेट देण्यापूर्वीच नियोजन

अभ्यासक्षेत्राच्या भेटीचा तपशील, सहभागी विद्यार्थी, अध्यापक व कर्मचाऱ्यांची नावे, घरचा पत्ता त्यांच्या संपर्क तपशिलासह महाविद्यालयीन व्यवस्थापनास तसेच विद्यार्थ्यांच्या पालकांना, भेटीच्या ठिकाणावरील संबंधित व्यक्तीस अगोदरच कळविणे आवश्यक आहे.

प्रतिबंधित क्षेत्रे किंवा आरक्षित जंगलांमध्ये प्रवेश करण्यासाठी अगोदरच परवानगी घेणे आवश्यक आहे.

पुरेसे अन्न आणि सुरक्षित पिण्याच्या पाण्याची व्यवस्था केली पाहिजे. विद्यार्थ्यांना कपड्यांची आवश्यकता (वूलन कॅप्स, स्वेटर, शूज, डास प्रतिबंधक इ.) माहिती दिली पाहिजे.

अभ्यासक्षेत्राच्या भेटीच्या नियोजनाचा आणि तिथे करावयाच्या कामाचा आराखडा विद्यार्थी व आध्यापकांनी करणे आवश्यक आहे. समस्येचा किंवा अभ्यासाचा उद्देश आणि त्याची उद्दिष्टे तपशीलवार स्पष्ट केली पाहिजेत. अभ्यास पद्धत आणि क्षेत्रातील सर्वेक्षणासाठीची आवश्यक उपकरणे याविषयी विद्यार्थ्यां कशी चर्चा करणे आवश्यक असते.

क्षेत्र नकाशा तयार तयार केल्यानंतर विद्यार्थ्यांबरोबर भेटीच्या ठिकाणी करून ये देणे करा आणि वर्गाच्या विविध गटांद्वारे क्षेत्र अभ्यास आयोजित करण्याच्या पद्धतीवर चर्चा करा. प्रत्येक विद्यार्थ्याला संदर्भासाठी नकाशांची प्रत पुरवणे, त्यांना भेटीच्याठिकाणी कामाच्या वेळी काय करावे आणि काय करूनये याची माहिती देणे इत्यादी केले जाते.

प्राकृतिक भूगोलाच्या अभ्यास क्षेत्रातील कामासाठी आवश्यक काही वस्तू, उपकरणे खालीलप्रमाणे आहेत.

- स्टेशनरी, ज्यात पॅड, कलर पेन्सिल, पेन्सिल, पेपर, पेन इत्यादी
- झूम आणि व्हिडिओ सुविधा असलेला कॅमेरा.
- पक्षी, स्थानिक लोक इत्यादींचे आवाज रेकॉर्ड करण्यासाठी ऑडिओ व्हिडिओ रेकॉर्डर.
- दूरच्या वस्तू पाहण्यासाठी दुर्बीण.
- मोजण्याचे टेप, चुंबकीय कंपास, क्लिनोमीटर, जीपीएस हँड सेट इत्यादी लहान क्षेत्र सर्वेक्षण उपकरणे.
- हवामान साधने (हवामानाशी संबंधित कामकरण्यासाठी) जसे की तापमापक, पर्जन्यमापकयंत्र, वायुभारमापकयंत्र, वातदिशावगतीदर्शकयंत्र इत्यादी
- नकाशे, स्थलनिर्देशक नकाशे (प्रतिबंधित नसलेले), अभ्यास क्षेत्राच्या उपग्रह प्रतिमा.

प्रत्यक्ष अभ्यासक्षेत्रास भेट (माहिती संकलनाची पद्धत):

जेव्हा विद्यार्थी स्थानिक अभ्यास क्षेत्रात पोहोचतात, तेव्हा प्रत्यक्ष काम सुरू होते आणि माहिती गोळा केली जाते.

- वैशिष्ट्यांचे निरीक्षण करणे आणि नोट्स घेणे. फोटोग्राफी आणि व्हिडीओ-ऑडियोग्राफीद्वारे माहिती रेकॉर्ड करणे.
- रंगीत पेन्सिल वापरून क्षेत्र रेखाटने तयार करणे.
- अंतर, हवामान घटक, उंची, खोली इत्यादी मोजण्यासाठी उपकरणांचा वापर करणे.
- चुंबकीय होकायंत्र वापरून दिशा शोधणे आणि नकाशे आणि प्रतिमांचे त्यानुसार ओरिएंटेशन करणे.
- क्षेत्रवैशिष्ट्ये ओळखण्यासाठी आणि मॅपिंगसाठी स्थलनिर्देशक नकाशे, उपग्रह प्रतिमा आणि हवाई छायाचित्रांचा वापर करणे.
- जीपीएस मॅपिंग सुविधा वापरून महत्त्वाची ठिकाणे आणि मार्ग शोधणे.
- उद्दिष्टानुसार व आवश्यक त्याठिकाणावरून खडक, माती, पृष्ठभागावरील पाणी आणि भूजल यांचे प्रातिनिधिक नमुने गोळा करणे.
- स्थानिक नागरिक विविध खात्यातील अधिकारी यांचेकडून माहिती व विषयाची आकडेवारी गोळा करणे.
- आपल्या जाण्याच्या ठिकाणपासून आपल्या नोंदी ठेवणे
- माहिती घेतानाच आपल्या अनुभवांना नोंद वहीत टिपून ठेवणे.
- प्रत्येक टप्प्यावरील नोंदी आपल्याला अहवाल लेखनात उपयोगी पडतील.
- माहिती घेताना ती सर्व मुद्द्यांना धरून आहे याची खात्री करून घ्यावी. उदा. कारखान्याची माहिती घेताना कारखान्यातील कच्चामाल, लागणारा मजूरवर्ग, उत्पादनाचे वितरण, बाजारपेठेची उपलब्धता, प्रत्यक्ष कारखान्यातील कामकाज, यंत्रांचा वापर, मजुरांची संख्या इत्यादी घटकांची माहिती घेणे.

क्षेत्र अभ्यास अनेक फायदे असले तरी त्यात काही मर्यादादेखील आहेत.

- यासाठी अधिक वेळ द्यावा लागतो व ते खर्चिकही आहे.
- योग्य अर्थ लावण्यासाठी त्याला आवश्यक उपकरणे, नकाशे, उपग्रह प्रतिमा इत्यादी आवश्यक आहेत.
- सरकारी एजन्सींकडून प्रतिबंधित क्षेत्रांना भेट देण्यास विलंब केल्याने प्रवास अनिश्चित होतो.
- प्रवास करताना, बदलत्या हवामानात, क्षेत्रातील आजारपणात, क्षेत्रीय कामा दरम्यान काही धोके असतात.

3. अभ्यासक्षेत्राला भेट देऊन आल्यानंतरची कामे:

प्रत्यक्ष भेटी दरम्यान गोळा केलेली माहिती, खडक, माती, पाण्याचे नमुने यांचे प्रयोगशाळेत योग्य त्या पद्धतीने विश्लेषण करणे. फोटो, व्हिडिओ माध्यमातून गोळा केलेल्या माहितीचे संकलन करणे. आकडेवारीचे योग्य तालिकरण करणे, मिळालेल्या संख्येचीे योग्य त्या संख्याशास्त्रीय तंत्राने विश्लेषण करणे, नकाशाशास्त्रीय तंत्र व जी आय एस तंत्रज्ञानाचा वापर करून केलेले विश्लेषण व नकाशे, आलेख तयार करणे. विश्लेषणावरून प्राप्त माहितीच्या आधारे निष्कर्ष लिहिणे, प्रमुख निरीक्षणे, नवीन माहिती नोंदविणे. तसेच अभ्यास विषयातील काही समस्या आढळून आल्यास त्या मांडून सोडविण्यासाठी काही उपाययोजना सुचवणे व अहवाल लिहिणे.

क्षेत्र अभ्यासाचे महत्व :

- प्राकृतिक व सांस्कृतिक सहसंबंधाचे आकलन
- मानव परिस्थितीशी जुळवून घेण्यास शिकतो.
- विविध प्रदेशातील मानवी क्रियांची तुलना
- निरीक्षण कौशल्यांचा विकास
- घटनांची कारणमीमांसा जाणून घेणे
- लोकांशी बोलणे वागणे याविषयी शिकतो.
- भेट दिलेल्या प्रदेशविषयी आपुलकीची भावना निर्माण होते.

खेडेगाव सर्वेक्षण / शहर सर्वेक्षण / क्षेत्र सर्वेक्षण व त्यावर आधारित अहवाल

खेडेगाव सर्वेक्षण : भूगोलाचे विद्यार्थी 'खेडेगाव सर्वेक्षणामध्ये' त्या गावाचे सामाजिक - आर्थिक सर्वेक्षण करतात. त्यासाठी प्रत्यक्षात निवडलेल्या गावाला भेट देऊन तेथील लोकांच्या सामाजिक व आर्थिक स्तराचा अभ्यास करतात व त्यांचा संबंध भौगोलिक घटकांशी कसा आहे ते तपासतात. त्यासाठी गावाला प्रत्यक्ष भेट देऊन प्रश्नावलीच्या सहाय्याने गावाच्या लोकसंख्येनुसार नमुना सर्वेक्षण करून सांख्यिकी आकडेवारी गोळा केली जाते. या संख्याकी आकडेवारीचे भौगोलिक विश्लेषण करून निष्कर्ष काढले जातात. प्रत्यक्ष निरीक्षण व संवाद साधून मिळवलेली माहिती व दुय्यम स्रोतांकडून (जनगणना अहवाल, नकाशे, उपग्रह प्रतिमा, ग्रामपंचायत, जिल्हा परिषद, इत्यादी या द्वारे मिळवलेली माहिती त्याआधारे गावातील सामाजिक आर्थिक शिक्षण सांस्कृतिक शेती व्यवसाय या व पर्यावरणीय घटकांवर आधारित गावाचा व गावातील लोकसंख्येचा अभ्यास करून सामाजिक-आर्थिक स्तर ठरविला जातो. गावाच्या समस्या शोधून काढल्या जातात त्या सोडविण्यासाठी काही उपाय सुचविले जातात.

खेडेगाव सर्वेक्षण करताना प्राथमिक माहिती गोळा करण्यासाठी प्रश्नावली तयार केली जाते. प्रश्नावली तयार करताना पुढील घटकांचा विचार केला जातो.

- **आरोग्य** - गावांमध्ये उपलब्ध असलेल्या वैद्यकीय सुविधा
  प्राथमिक आरोग्य केंद्रशासकीय इस्पितळ, खाजगी दवाखाने

- **शिक्षण** – गावातील उपलब्ध शैक्षणिक सुविधा
अंगणवाडी प्राथमिक व शाळा माध्यमिक
उच्च माध्यमिक महाविद्यालय
- **पिण्याचे पाणी** – विहीर, हात पंप, बंद नळ पाणी योजना
इतर स्रोत
पीण्याच्या पाण्याची उपलब्धता – वर्षभर, अपुरे स्रोत
दुर्भिक्षपाण्याच्या कमतरतेचा कालावधी
पिण्याच्या पाण्याचा दर्जा – क्षारतादूषित पाणी
इतर
पाण्याच्या स्रोतापासूनचे अंतर –
- **वाहतूक** – गावाला जोडणारे रस्ते
रस्त्याचा प्रकार – कच्चा, मुरमाड, डांबरी,
काँक्रिटचा इतर
जवळील रेल्वे स्टेशन
- **दळणवळण** – पोस्ट ऑफिस, टेलिफोन, इंटरनेट
- **रोजगार** (जनगणना अहवालावर आधारित माहिती)
खालील वेगवेगळ्या रोजगारामध्ये गुंतलेले स्त्री-पुरुष संख्या

↓

| शेतमजूर | अल्पभूधारक | छोटे शेतकरी | मध्यम शेतकरी | पशूपालन |

- **जंगल व मासेमारी मध्ये गुंतलेले**
ग्रामीण कारागीर, सुतार, लोहार
कुंभार, विणकर, कुटिर उद्योग
कुटिर उद्योग व्यतिरिक्त इतर कारखानदारी खाणकाम
बांधकाम व्यापार व वाणिज्य वाहतूक
साठवणूक, दळणवळण
- **नोकरदार** – केंद्र शासन राज्य शासन
स्थानिक स्वराज्य संस्था, सार्वजनिक क्षेत्र
खाजगी क्षेत्र इतर
- **ऊर्जा साधने – वीज** – घरगुती व्यापारी उद्योगासाठी
शेतीचे उपयोगासाठी
- **सौर ऊर्जा** – मालकी खाजगी /सार्वजनिक
- **संख्या उपयोग** – ज्योत उपकरणांसाठी
पाणी तापविण्यासाठी पंपासाठी
- **पवनचक्की** – मालकीखाजगी/ सार्वजनिक
संख्या उपयोग – विद्युत निर्मिती
जलसिंचन पिण्याच्या पाण्यासाठी

- **बायोगॅस/गोबर गॅस मालकी खाजगी/सार्वजनिक**
  हेतु संख्या
  प्रत्येकाची क्षमता मानवी उत्सर्जन
  प्राण्यांचे उत्सर्जन भाजीपाल्यापासून व इतर जैविक घटकापासून तयार झालेला कचरा, इतर
- **उद्योग धंदे - मूलभूत माहिती**
  कुटीर उद्योग-अगरबत्ती, काडेपेटी, बीडी
  फटाके, पत्रावळ्या, बांबूच्या वस्तू
  काथ्या, मातीची, भांडी, इतर
- **छोटे उद्योग** - अन्न प्रक्रिया उत्पादने, चामडी वस्तू, तंबाखू
- **आर्थिक सेवा** - कृषी सहकारी पतसंस्था, दुग्ध सहकारी संस्था
  ऊस उत्पादक सहकारी संस्था, द्राक्ष उत्पादक सहकारी संस्था
  कांदा उत्पादक सहकारी संस्था, बहुउद्देशीय पतसंस्था
  महिला बचत गट, हस्तकला संस्था
  हातमाग संस्था, वीणकर संस्था
  इतर
- **कृषी सेवा केंद्र** - खालील प्रकारातील केंद्रांची संख्या
  प्रत्यक्ष वापर करणारी केंद्रे, दुरुस्ती केंद्रे
  देखभाल केंद्रे, इतर
  भांडार संख्या - शासकीय बी-बियाणे भांडार, कीटक नाशके भांडार
  शासकीय जंतुनाशके भांडार, खाजगी बी-बियाणे भांडार
  खाजगी जंतुनाशके भांडार, खाजगी कीटक नाशके भांडार
  कोठारे बाजार
  दूध संकलन केंद्रे, जनावरांच्या खाद्याचे दुकाने
  शीतगृहे, जनावरांचे दवाखाने व पशुपालन केंद्र
  स्वस्त धान्याचे दुकाने
  बँका व पतसंस्था
  राष्ट्रीय बँक, जिल्हा बँक
  प्रादेशिक अथवा स्थानिक बँका सहकारी बँका
  पतसंस्था बचत गट
- **इतरसुविधा** - मनोरंजन व सांस्कृतिक केंद्र समुदाय केंद्र
  वाचनालय व ग्रंथालय
- **लोकसंख्या विषयक माहिती जनगणना अहवालानुसार** - लोकसंख्या आकडेवारी (अलीकडच्या जनगणनेनुसार)
  स्त्रीपुरुष
  वयोगटानुसार (6 वर्षापर्यंत) स्त्री पुरुष
  वयोगटानुसार (6 ते 14 वर्षापर्यंत)स्त्री पुरुष
  जातीनिहाय लोकसंख्या SC ST OBC

स्थलांतरित लोकसंख्या

साक्षर स्त्रीपुरुष

एकूण कुटुंबे

दारिद्र रेषेखालील कुटुंबे शेतकरी कुटुंबे

मध्यम मोठे शेतकरी कुटुंबे, छोटे शेतकरी कुटुंबे

अल्पभूधारक कुटुंबे मागील जनगणने नंतर जन्मलेली बालके

मागील जनगणने नंतर झालेले मृत्यू 0 ते 1 वयोगटात झालेले अर्भक मृत्यू

- **पशुधन** – पाळीव प्राण्यांची संख्या

गाई, म्हशी, शेळ्या, मेंढ्या

घोडे, खेचरे, गाढवे, डुकरे

उंट, ससे, कोंबड्या, बदके

शहामृग

प्रकल्प अहवाल

प्रकल्प हा साधारणत: विद्यार्थ्याच्या स्थानिक परिस्थितीला अनुसरून असला पाहिजे. (परंतु यापुरतेच मर्यादित नाही) सर्वसाधारणपणे विद्यार्थ्यांना त्यांच्या स्थानिक पातळीवरील भौगोलिक, पर्यावरणाच्या समस्यांचा विचार करण्यास प्रवृत्त करावे. जेणेकरून त्यांना सभोवतालच्या समस्यांचा विचार करण्याची त्यावरील उपाय योजण्याची व पर्याय शोधण्याची संधी प्राप्त होऊ शकते.

भूगोलाच्या अभ्यासामध्ये मानवी भूगोलातील तसेच पर्यावण भूगोलातील काही महत्त्वाच्या विषयांवर अथवा समस्यांवर प्रकल्प करता येतो. प्रकल्पाचे अभ्यास क्षेत्र निवडताना एखाद्या शहराचा, उपनगराचा एखादा भाग अथवा आपल्या सभोवतालच्या परिसरातील काही भाग राजकीय अथवा भौगोलिक सीमा विचारात घेऊन निश्चित केला जातो. लोकसंख्या सर्वेक्षण, कृषी सर्वेक्षण, वस्ती अथवा वसाहतींचे सर्वेक्षण, आरोग्य सर्वेक्षण, पर्यावरणीय समस्या (जल प्रदूषण, ध्वनी प्रदूषण, वायू प्रदूषण, पूर, दुष्काळ, दरड कोसळणे गारपीट, तापमान वाढ इत्यादी) या विषयावर भौगोलिक दृष्टिकोनातून अभ्यास करता येतो. विषय व क्षेत्र ठरविल्यानंतर प्रकल्पाचे नियोजन, आराखडा तयार करणे, यासंदर्भात वाचन करणे, संदर्भ तपासणे माहिती गोळा करण्याचे प्राथमिक व दुय्यम स्रोत निवडणे, प्रश्नावली तयार करणे. मुलाखतीचे नियोजन करणे, प्रत्यक्ष क्षेत्र भेट करणे व माहिती गोळा करणे, फोटो, व्हिडिओ माध्यमातून गोळा केलेल्या माहितीचे संकलन करणे. आकडेवारीचे योग्य तालिकरण करणे, मिळालेल्या संख्येकीचे योग्य त्या संख्याशास्त्रीय तंत्राने विश्लेषण करणे, नकाशाशास्त्रीय तंत्र व जी आय एस तंत्रज्ञानाचा वापर करून केलेले विश्लेषन व नकाशे, आलेख तयार करणे. विश्लेषणावरून प्राप्त माहितीच्या आधारे प्रकल्पाचा निष्कर्ष लिहणे, प्रमुख निरीक्षणे, नवीन माहिती नोंदविणे. तसेच अभ्यास विषयातील काही समस्या आढळून आल्यास त्या मांडून सोडविण्यासाठी काही उपाययोजना सुचवणे व प्रकल्पाचा अहवाल लिहणे. या सर्व टप्प्यातून जात प्रकल्प पूर्ण करणे.

प्रकल्प अहवाल लिहताना खालील प्रमुख मुद्द्यांना अनुसरून लिहला जातो.

1) प्रकल्प विषय निवड (प्रस्तावना) :

प्रस्तावनेमध्ये निवडलेल्या प्रकल्पाविषयी थोडक्यात माहिती लिहिणे अपेक्षित आहे, जसे - विद्यार्थ्यांनी विषयाची निवड का केली, संकल्पना, थोडक्यात विषयाचा इतिहास, नवीन अद्ययावत माहिती, विषयाची सदयस्थिती अशा घटकांचा समावेश प्रस्तावनेमध्ये प्रामुख्याने असावा.

2) विषयाचे महत्त्व :

यामध्ये सध्याच्या परिस्थितीत प्रकल्पाचे पर्यावरणविषयी, शास्त्रीय तसेच सामाजिक मूल्याचे महत्त्व ओळखून त्याबाबत नेमकेपणाने लिहावे.

3) प्रकल्प कार्याची उद्दिष्ट्ये :

ज्या हेतूने आपण प्रकल्पाचा विषय निवडला, त्या अनुषंगाने प्रकल्प कार्याची योग्य उद्दिष्ट्ये लिहिणे आवश्यक आहे.

4) प्रकल्प अभ्यासपद्धती :

प्रकल्प अभ्यासपद्धतीमध्ये माहिती संकलन करण्याच्या विविध संशोधन अभ्यासपद्धतीचा वापर करता येतो. जसे - सर्वेक्षण, प्रश्नावली, मुलाखत, प्रयोग, क्षेत्र निरीक्षणे, क्षेत्रभेट इत्यादी पद्धतीचा अवलंब करावा. प्राथमिक व दुय्यम स्रोतांचा वापर करून मिळवलेली आकडेवारी, माहिती, ज्या नकाशाशास्त्रीय तंत्रांचा वापर करून तयार केलेले नकाशे, जी आय एस तंत्रज्ञानाचा वापरकरून केलेले विश्लेषन व नकाशे याची माहिती द्यावी.

5) साहित्य पुनरावलोकन:

प्रकल्प हाती घेण्यापूर्वी व त्यावर काम करीत असताना विविध राष्ट्रीय आंतरराष्ट्रीय नियतकालिकांमधून प्रसिद्ध झालेले संशोधनपर लेख, पुस्तके, शासकीय व अशासकीय संस्थांनी प्रसिद्ध केलेले अहवाल, एम फिल/ पी एच डी प्रबंध यांचे वाचन केले जाते त्या विषयी केलेल्या वाचनाचं पुनरावलोकन संबंधित लेखकाच्या नावासह करावे व त्याने मांडलेल्या विषयावर आढावा घ्यावा.

6) निरीक्षणे :

निवडलेल्या अभ्यासपद्धतीने प्राप्त माहिती ही निरीक्षणे, आलेख तक्त्याच्या स्वरूपात प्रदर्शित करावी, तसेच संक्षिप्त व मुद्देसूद असावीत. निरीक्षणावरच पुढचे निष्कर्ष अवलंबून असणे जरुरीचे आहे. अंकीय किंवा सांख्यिकीय आधारे आपण संकलित केलेल्या निरीक्षणांच्या आधारे विश्लेषण करणे हा महत्त्वाचा टप्पा आहे. मध्य, मध्यमान, सहसंबंध, सरासरी, टक्केवारी इत्यादींच्या आधारे विश्लेषण अधिक अचूक के प्रभावी होते. सदर पद्धतीने आपण आलेख, स्तंभालेख, पायआलेख, अशा आकृतींच्या माध्यमातून माहिती आपण प्रभावीपणे दर्शवू शकतो.

7) निष्कर्ष :

विश्लेषणावरून प्राप्त माहितीच्या आधारे प्रकल्पाचा निष्कर्ष लिहावा. यात प्रमुख्यानं आपल्याला निदर्शनास आलेली प्रमुख निरीक्षणे, नवीन माहिती नोंदविणे. तसेच अभ्यास विषयातील काही समस्या आढळून आल्यास त्या आणून त्या सोडविण्यासाठी काही उपाययोजना सुचवाव्यात.

8) संदर्भ सूची :

प्रकल्प अहवाल तयार करीत असताना वेळोवेळी वापरण्यात आलेले व नोंदवलेले संशोधन लेख, पुस्तके, शासकीय अशासकीय प्रकाशने, संशोधनप्रबंध या सर्व साहित्य संदर्भाची सूची तयार करून त्यामध्ये नियमाप्रमाणे लेखकाचे नाव, प्रकाशन वर्ष, लेखाचे शीर्षक, प्रकाशक, आवृत्ती, संबंधित पान क्रमांक. इत्यादी माहितीची सूची तयार करून नोंदवणे.

Distribution of X^2
सांख्यिकी सारणी (Statistical Tables)

Probability

n	.99	.98	.95	.90	.80	.70	.50	.30	.20	.10	.05	.02	.01	.001
1	$.0^3157$	$.0^3628$	.00393	.0158	.0642	.148	.455	1.074	1.642	2.706	3.841	5.412	6.635	10.827
2	.0201	.0404	.103	.211	.446	.713	1.386	2.408	3.219	4.605	5.991	7.824	9.210	13.815
3	.115	.185	.352	.584	1.005	1.424	2.366	3.665	4.642	6.251	7.815	9.837	11.345	16.266
4	.297	.429	.711	1.064	1.649	2.195	3.357	4.878	5.989	7.779	9.488	11.668	13.277	18.467
5	.554	.752	1.145	1.610	2.343	3.000	4.351	6.064	7.289	9.236	11.070	13.388	15.086	20.515
6	.872	1.134	1.635	2.204	3.070	3.828	5.348	7.231	8.558	10.645	12.592	15.033	16.812	22.457
7	1.239	1.564	2.167	2.833	3.822	4.671	6.346	8.383	9.803	12.017	14.057	16.622	18.475	24.322
8	1.646	2.032	2.733	3.490	4.594	5.527	7.344	9.524	11.030	13.362	15.507	18.168	20.090	26.125
9	2.088	2.532	3.325	4.168	5.380	6.393	8.343	10.656	12.242	14.684	16.919	19.679	21.666	27.877
10	2.558	3.059	3.940	4.865	6.179	7.267	9.342	11.781	13.442	15.987	18.307	21.161	23.209	29.588
11	3.053	3.609	4.575	5.578	6.989	8.148	10.341	12.899	14.631	17.275	19.675	22.618	24.725	31.264
12	3.571	4.178	5.226	6.304	7.807	9.034	11.340	14.011	15.812	18.549	21.026	24.054	26.217	32.909
13	4.107	4.765	5.892	7.042	8.634	9.926	12.340	15.119	16.985	19.812	22.362	25.472	27.688	34.528
14	4.660	5.368	6.571	7.790	9.467	10.821	13.339	16.222	18.151	21.064	23.685	26.873	29.141	36.123
15	5.229	5.985	7.261	8.547	10.307	11.721	14.339	17.322	19.311	22.307	24.996	28.259	30.578	37.697
16	5.812	6.614	7.962	9.312	11.152	12.624	15.338	18.418	20.465	23.542	26.296	29.633	32.000	39.252
17	6.408	7.255	8.672	10.085	12.002	13.531	16.338	19.511	21.615	24.769	27.587	30.993	33.409	40.790
18	7.015	7.906	9.390	10.865	12.857	14.440	17.338	20.601	22.760	25.989	28.859	32.346	34.805	42.312
19	7.633	8.567	10.117	11.651	13.716	15.352	18.338	21.689	23.900	27.204	30.144	33.687	36.191	43.820
20	8.260	9.237	10.851	12.443	14.578	16.266	19.337	22.775	25.038	28.412	31.410	35.020	37.566	45.315
21	8.897	9.915	11.591	13.240	15.445	17.182	20.337	23.858	26.171	29.615	32.671	35.343	38.932	46.797
22	9.542	10.600	12.338	14.041	16.314	18.101	21.337	24.939	27.301	30.813	33.924	37.659	40.289	48.268
23	10.196	11.293	13.091	14.848	17.187	19.021	22.337	26.018	28.429	32.007	35.172	38.968	41.638	49.728
24	10.856	11.992	13.848	15.659	18.062	19.943	23.337	27.096	29.553	33.196	36.415	40.270	42.980	51.179
25	11.524	12.697	14.611	16.473	18.940	20.867	24.337	28.172	30.675	34.382	37.652	41.566	44.314	52.620

n														
26	12.198	13.409	15.379	17.292	19.820	21.792	25.336	29.246	31.795	33.563	38.885	42.856	45.642	54.052
27	12.879	14.125	16.151	18.114	20.703	22.719	26.336	30.319	32.912	36.741	40.113	44.140	46.963	55.476
28	13.565	14.847	16.928	18.939	21.588	23.647	27.336	31.391	34.027	37.916	41.337	45.419	48.278	56.893
29	14.256	15.574	17.708	19.768	22.475	24.577	28.336	32.461	35.139	39.087	42.557	46.693	49.588	58.302
30	14.953	16.306	18.493	20.599	23.364	25.508	29.336	33.530	36.250	40.256	43.773	47.962	50.892	59.703
32	16.362	17.783	20.072	22.271	25.148	27.373	31.336	35.665	38.466	42.585	45.194	50.487	53.486	62.487
34	17.789	19.275	21.664	23.952	26.938	29.242	33.335	37.795	40.676	44.903	48.602	52.995	56.061	65.247
36	19.233	20.783	23.269	25.643	28.735	31.115	35.336	39.922	42.879	47.212	50.999	55.489	58.619	67.985
38	20.691	22.304	24.884	27.343	30.537	32.992	37.335	42.045	45.076	49.513	53.384	57.969	61.162	70.703
40	22.164	23.838	26.509	29.051	32.345	34.872	39.335	44.165	47.269	51.805	55.759	60.435	63.691	73.402
42	23.650	25.383	28.144	30.765	34.157	36.755	41.335	46.282	49.456	54.090	58.124	62.892	66.206	76.084
44	25.148	26.939	29.787	32.487	35.974	38.641	43.335	48.396	51.639	56.369	60.481	65.337	68.710	78.750
46	26.657	28.504	31.439	34.215	37.795	40.529	45.335	50.507	53.818	58.641	62.830	67.771	71.201	81.400
48	28.177	30.080	33.098	35.949	39.621	42.420	47.335	52.616	55.993	60.907	65.171	70.197	73.683	84.037
50	29.707	31.664	34.764	37.689	41.449	44.313	49.335	54.723	58.164	63.167	67.505	72.613	76.154	86.661
52	31.246	33.256	36.437	39.433	43.281	46.209	51.335	56.827	60.332	65.422	69.832	75.021	78.616	89.272
54	2.793	34.856	38.116	41.183	45.117	48.106	53.335	58.930	62.496	67.673	72.153	77.422	81.069	91.872
56	34.350	36.464	39.801	42.937	46.955	50.005	55.335	61.031	64.658	69.919	74.468	79.815	83.513	94.461
58	35.913	38.078	41.492	44.696	48.797	51.906	57.335	63.129	66.816	72.160	76.778	82.201	85.950	97.039
60	37.485	39.699	43.188	46.459	50.641	53.809	59.335	65.227	68.972	74.397	79.082	84.580	88.379	99.607
62	39.063	41.327	44.889	48.226	52.487	55.714	61.335	67.322	71.125	76.630	81.381	86.953	90.802	102.166
64	40.649	42.960	46.595	49.996	54.336	57.620	63.335	69.416	73.276	78.860	83.675	89.320	93.271	104.716
66	42.240	44.599	48.305	51.770	56.188	59.527	65.335	71.508	75.424	81.085	85.965	91.681	95.626	107.258
68	43.838	46.244	50.020	53.548	58.042	61.436	67.335	73.600	77.571	83.308	88.250	94.037	98.028	109.791
70	45.442	47.893	51.739	55.329	59.898	63.346	69.334	75.689	79.715	85.527	90.531	96.388	100.425	112.317

For odd values of n between 30 and 70 the means of the tabular values for n-1 and n+1 may be taken. For larger values of n, the expression $\sqrt{2x^2} - \sqrt{2n-1}$ may be used as a normal deviate with unit variance, remembering that the probability for x2 corresponds with that of a single tail of the normal curve. (For fuller formula see introduction)

शब्दसूची

दूर संवेदन व भौगोलिक माहिती शब्दसूची

Absorption	शोषण	Areal Features	क्षेत्रीय वैशिष्ट्ये
Access	अभिगम	Arc	चाप
Activity	क्रिया-प्रक्रिया	Artificial Intelligence	कृत्रिम विद्वत्ता
Adaptation	अनुकूलन	Aspatial	अ-अवकाशिक
Adequate	पर्याप्त	Aspect	रूप
Adjacency	समीपता	Association	सहसंबंध
Aerial Camera	हवाई कॅमेरा	Attributes	गुणविशेष
Algorithm	सूचनासंच	Autocorrelation	स्वसहसंबंध
Allocation	वाटप	Awareness	जागृती
Along Track Scanning	मार्गानुगामी सूक्ष्म समीक्षण	Bands	पट्टे
		Behaviour	प्रवृत्ती
Alpha Numeric	आद्याक्षर अंक स्वरूप	Black Body	कृष्णवर्ण वस्तू
Alternative	विकल्प	Block Encoding	खंड संकेतीकरण
Altimeter	उंचीमापक	Brightness	उजळपणा
Altitude	समुद्रसपाटीपासून उंची	Buffer	मृदंग
Analogues	अनुरूपी	Building Blocks	रचना खंड
Amplification	वर्धन	Business	व्यापार, व्यवसाय
Angular Resolving Power	कोनीय वियोजन क्षमता	Cartographer	नकाशाकारक
		Cartography	नकाशाशास्त्र
Annotation Key	नकाशाची सूची	Census	जनगणना
Annotation Strip	टिप्पणीपट्टिका	Chain Encoding	साखळी संकेतीकरण
Antenna	शृंगिका	Chromatic Aberration	वर्णीय विपथन
Aperture	छिद्र	Circular Scanning	वर्तुळाकृती सूक्ष्म समीक्षण
Aposteriori	घटना पश्चात		
Application Specific	उपयोजन विशिष्ट	Classification	वर्गीकरण
Approximate Point Interpolation	निकटतम बिंदू अंतर्वेशन	Cluster Analysis	पुंज पृथक्करण
		Coding	संकेतीकरण
Apriori	घटनापूर्व	Collection	संकलन

Column	- स्तंभ	Digital Terrain Model	- अंकीय भूपृष्ठीय प्रतिमान
Common	- सामायिक		
Common Origin	- समान उद्गम	Digitization	- अंकीय नोंदीकरण
Compaction	- संक्षिप्तिकरण	Digitizer	- अंकीय नोंदक
Conceptual	- सांकल्पनिक	Dimensions	- मिती/आयाम
Conductivity	- संवाहकता	Dispersal	- पसरण
Conical	- शंकाकृती	Display	- प्रदर्शन
Coniferous	- सूचीपर्णी	Draping	- आच्छादन
Conjuate Principal Point	- संयुग्म प्रमुख बिंदू	Drift	- झुकाव
Connectivity	- जोडणी	Duplication	- द्विरुक्ती
Continuum	- निरंतर क्रम	Dwell Time	- निवास काल
Consultancy	- सल्ला सेवा	Dynamic	- प्रवाही
Containment	- समाविष्टता	Edge	- भुजा/कडा
Contour	- समोच्यरेषा	Edge Matching	- कडांची जुळणी
Contrast Ratio	- वर्णविषमता गुणोत्तर	Editing	- संस्करण
Control Points	- नियंत्रण बिंदू	Electoral Areas	- निवडणूक विभाग
Convexity	- बहिर्वक्रत्व	Electrical Signal	- विद्युत संकेत
Co-ordinate System	- सहअक्ष प्रणाली	Electromagnetic Radiation	- विद्युत चुंबकीय प्रारण
Correction	- शुद्धीकरण		
Criteria Definition	- निकषांचे निश्चितीकरण	Elements	- घटक
Cursor	- निर्देशक	Emittance	- उत्सर्जन
Curvature	- बाक	Energy Flux	- ऊर्जेचे प्रमाण
Cylindrical	- दंडगोलीय	Entry	- नोंद
Cross Track Scanning	- आरपार सूक्ष्म समीक्षण	Enumeration	- गणना
Data	- सांख्यिकी	Estimation	- भाकीत
Data File	- सांख्यिकी पट	Exaggeration	- अतिशयोक्ती
Data Points	- सांख्यिकी बिंदू	Extreme Values	- पराकोटीची मूल्ये
Deciduous	- पर्णपाती	False Color	- मिथ्या वर्ण
Decision	- निर्णय	Field Observation	- क्षेत्रीय निरीक्षण
Delineation	- आरेखन	Field Survey	- क्षेत्रीय सर्वेक्षण
Depression	- खड्डा	File Structure	- पट रचना
Detector	- शोधक	Filters	- गाळण्या
Digital Format	- अंक स्वरूप	Flight Line	- उड्डाणरेषा/उड्डाणमार्ग
Digital Numbers	- अंकीय संख्या	Filtering	- गाळण पद्धती
Digital Photography	- अंक स्वरूपी छायाचित्रण	Flexible	- लवचीक
		Flooding	- पूर-प्रवृत्ती

Flow Chart	- प्रवाही तक्ता		प्रतिमा
Flying Height	- उड्डाणउंची	Hole Polygons	- छिद्र बहुभुजाकृती
Focal Length	- नाभियलांबी	Horizontal	- समकक्ष
Focal Plane	- मुख्य समतल	Hybridisation	- संकर
Focal Point	- मुख्य नाभिकेंद्र	Hydrology	- जलविज्ञान
Foliage	- पल्लव	Identifier	- ओळख संकेतक
Force Fields	- प्रभावक्षेत्र	IFOV : Instantaneous Field of View	- दृश्याचे
Forecasting	- भाकीत		तात्कालिक चित्र
Foreward Overlap	- अग्रगामी व्दिरुक्ती	Illumination Level	- प्रकाश पातळी
Frequency Histogram	- वारंवारता स्तंभाकृती	Image Enhancement	- प्रतिमा वर्धन
Geometric Distortion	- भूमितीय विकृती	Image Interpreter	- प्रतिमा विश्लेषक
Generalisation	- सामान्यीकरण	Image Processing	- प्रतिमा प्रक्रिया
Geo-Coding	- भूसंकेतीकरण	Image Processing Software	- प्रतिमान प्रक्रिया
Geo Computing	- भूसंगणन		संहिता
Geo Reference	- भूसंदर्भ	Image Restoration	- प्रतिमा पुननिर्माण
Geostationary	- भूस्थिर	Image Texture	- प्रतिमेची वीण
GIS Analyst	- जी. आय. एस.	Imagery	- उपग्रहप्रतिमा
	विश्लेषक	Impossible Values	- अशक्य मूल्ये
Global Positioning	- जागतिक स्थाननिश्चिती	Impression	- ठसा
Graphical Scale	- रेषा प्रमाण	Incident Radiation	- प्राप्त प्रारण
Gravity Model	- गुरुत्वाकर्षण प्रतिकृती	Inclination	- नती
Gray Scale	- धूसर वर्ण पट्टी /	Index Map	- निर्देशांक नकाशा
	वर्णच्छटा	Index of Refraction	- वर्तन निर्देशांक
Gravity Surveys	- गुरुत्वसर्वेक्षण	Infinite	- अपरिमित / अनंत
Grid Cell	- जाळी चौकोन	Information	- माहिती
Grid Reference	- जाळी संदर्भ	Infra-red	- अवरक्त
Ground Nadir	- जमिनीवरील अधोबिंदू	Integration	- समाकलन
Ground Resolution	- भूवियोजन	Integrity	- सच्चेपणा / खरेपणा
Handling	- हाताळणी	Intensity	- तीव्रता
Hard Copy	- छापील प्रत	Interaction	- परस्पर क्रिया
Hardware	- संहती	Internal Inconsistency	- अंतर्गत असंबद्धता
Headland	- भूशिर	Interpolation	- अंतर्वेशन /
Hierarchy	- उतरंड		आंतर्ध्रुवीकरण
High Oblique	- उच्च तिरकस /	Interpretation	- वाचन-वर्णन
	क्षितिजासह	Interpretation Methods	- वाचन-वर्णन पद्धती
High Resolution Image	- अत्युच्च वियोजन	Interpreter	- विश्लेषक

	दृश्य पट्टी	Quadrats	- चतुर्थक
Pass	- खिंड	Quadtree	- चतुर्थक विभागणी वेल
Path Row Reference	- स्तंभ ओळ संदर्भ	Querry	- पृच्छा
Pattern	- आकृतिबंध	Quick Access	- जलद अभिगम
Peak	- शिखर	Radioactive	- किरणोत्सारी
Peripheral	- परिघी	Radiometric	- विकिरणमितीय
Perpendicular Bisector	- समद्विभाजक लंब	Random	- यादृच्छिक
Phase	- अवस्था	Range	- कक्षा
Photogrammetry	- ज्योतिर्मापी	Rank	- अनुक्रम/दर्जा
Photographic Nadir	- छायाचित्राचा अधोबिंदू	Raster Model	- जाळी प्रतिमान
Pioneering	- मार्गदर्शक	Ratio Scale	- गुणोत्तर प्रमाण
Pixel	- चित्रांश/चित्रघटक	Real World	- यथार्थ प्रदेश
Place Names	- स्थलनामे	Receivers	- प्राप्तके
Plane Grid System	- समतल संदर्भ प्रणाली	Reclassification	- पुनर्वर्गीकरण
Planimetry	- समतलमिती	Redefinition	- पुनर्निश्चितीकरण
Plano Convex	- समतल बहिर्वक्र	Redundant	- प्रमाणापेक्षा जास्त/
Plotter	- आरेखक		अतिरेकी/अत्याधिक
Pocket Features	- छोटा त्रिमितदर्शी	Referencing Scheme	- संदर्भ योजना
Point Features	- बिंदू वैशिष्ट्ये	Reflected IR	- परावर्तित अवरक्त
Point Mode	- बिंदू पद्धती	Registration	- नोंदणी
Polarization	- ध्रुवण	Regression	- समाश्रयण
Polygon	- बहुभुजाकृती	Relational	- संबंधयुक्त
Positional Relationship	- स्थान संबद्धता	Relief Displacement	- उठाव विस्थापन
Postal Areas	- डाक विभाग	Relocation	- पुनर्स्थानिकरण
Post Code	- डाक संकेत	Replacement	- अदलाबदल
Primary	- प्राथमिक	Resolution	- वियोजन
Prime Meridian	- मुख्य रेखावृत्त	Resource Exploration	- साधनसंपत्तीचे
Principal Point	- प्रमुख बिंदू		अन्वेषण
Printer	- मुद्रक	Restructuring	- पुनर्रचना
Probabilistic Recognition	- संभाव्य	Retrieval at will	- इच्छेनुसार पुनर्प्राप्तिकरण
	निश्चितीकरण	Revisit Period	- पुनर्भेट काळ
Processer	- संगणक प्रक्रिया संयंत्र	Ridge	- पर्वतरांग
Project	- प्रकल्प	Risk	- जोखीम
Proximity	- समीपता	Root Definition	- मूळहेतू विधान
Pulses	- स्पंदने	Roughness	- खडबडीतपणा
Pushbroom	- मार्गानुगामी	Route Tracing	- मार्गशोधन

Routine	- नित्यकर्म	Spectrum	- वर्णपट
Row	- रांग/ओळ	Spot Heights	- स्थलउच्चांक
Rubber Sheeting	- लवचिका पसरण	Stability	- स्थैर्य
Runlength Encoding	- रांगेनुसार संकेतीकरण	Steady State	- स्थिरस्थिती
Satellite Imaging	- उपग्रहीय दूरसंवेदन	Stereocard	- त्रिमितदर्शी कार्ड/पट्टी
Scale	- प्रमाण	Stereometer	- त्रिमित दृष्य पट्टिका
Scaling	- प्रमाणीकरण	Stereopair	- त्रिमितदर्शी जोडी
Scanline	- सूक्ष्म समीक्षा रेषा	Stereoscopes	- त्रिमितदर्शी
Scanner	- सूक्ष्म समीक्षक	Stereoscopic Ability	- त्रिमित दृश्यक्षमता
Scanning Mirror	- सूक्ष्मसमीक्षक आरसा	Stereoscopic Parallax	- त्रिविमितीय विचलन
Scanning Systems	- सूक्ष्मसमीक्षण प्रणाली	Stochastic	- संभाव्य
Scattering	- विकिरण	Storage	- साठवण
Scattergram	- विकीर्णालेख	Stratified	- स्तरीत
Screen Format	- प्रदर्शक स्वरूप	Stream Code	- प्रवाह संकेत
Secrecy	- गोपनीयता	String	- दोरी किंवा तार सदृश्य
Secondary	- दुय्यम	Strip Number	- उड्डाण क्रमांक
Sediment Dispersal	- अवसादांची पसरण	Sun Inclination	- सूर्याची नती
Segment	- खंड	Sun Synchronous	- सूर्यानुगामी
Sensor	- संवेदक	Summarization	- संक्षेपण
Sequentially	- क्रमश:	Summary Statistics	- संक्षिप्त सांख्यिकी
Services	- सेवा सुविधा	Superimposition	- प्रत्यारोपण
Shadow	- छाया/सावली	Supervised Classification	- पर्यवेक्षित वर्गिकरण
Shortest Path	- लघुत्तम मार्ग	Superwide Angle	- अति विस्तृत कोन
Side Scanning	- पार्श्ववर्ती सूक्ष्म समीक्षण	Surfaces	- समतल पृष्ठे
Signal	- संकेत	Systems	- प्रणाली
Silhouettes	- पार्श्वप्रकाश चित्र	Texture	- वीण
Simplifed View	- सहजदृश्य	Temporal	- काळनिगडित
Slopes	- उतार	Thematic Layers	- विशिष्ट विषय स्तर
Software	- संहिता	Theme	- विशिष्ट विषय
Sortie Number	- फिल्मचा क्रमांक	Thermal	- औष्णिक
Spatial	- अवकाशिक, अभिक्षेत्रीय	Thermal IR	- औष्णिक अवरक्त
		Three Dimensional Modelling	- त्रिमित प्रतिमानी
Spectral	- वर्णपटलीय	Three Dimensional	- त्रिमित
Spectral Regions	- वर्णपटलीय विभाग	Threshold	- संक्रमण मूल्य
Spectral Sensitivity	- वर्णपट संवेदनक्षमता	Tilt	- कल
Spectrometer	- वर्णक्रममापी	Tolerance	- सहनक्षमता

Tone - वर्णच्छटा

Tools - साधने

Topographic Maps - स्थलरूपिक नकाशे

Topology - स्थलविज्ञान

Transformation - रूपांतरण

Transmission - संचरण

Trend Surfaces - प्रवृत्तिदर्शक समतल पृष्ठे

Triangular Mesh Reference - त्रिकोण जाळी संदर्भ

Triangulated Irregular Network (TIN) - त्रिकोणीय अनियमित जाळी

Trigonometry - त्रिकोणमिती

Ultra Violet - अतिनील

Uncontrolled Mosaic - अनियंत्रित रचना

Undershoot - अपूर्ण लांबीचे रेषाखंड

Union - संधी/समाविष्ट

Unique Identifer - विशिष्ट ओळख संकेतक

Unsupervised Classification - अपर्यवेक्षित वर्गीकरण

Update - अद्ययावत

User - वापरकर्ता/उपभोक्ता

Value Added Service - मूल्यवर्धित सेवा

Vector Model - सदिश प्रतिमान

Velocity - प्रवेग

Verbal scale - शब्द प्रमाण

Vertical - अनुलंब

Vertices - शिरोबिंदू

Views - दृश्ये

Virtual field - आभासी क्षेत्र

Virtual Reality - आभासी यथार्थता / सत्यता

Visibility - दृश्यता

Visual Modelling - दृश्य प्रतिमानी

Visual Interpretation - दृश्य वाचन वर्णन

Volume Phenomena - आयतन घटना

Waste Disposal - त्याज्य उत्सर्जन

Wave Length - तरंगलांबी

Weight - भारदर्शक मूल्य

Wide Application - विस्तृत उपयोजन

Wide Field Sensors (WIFS) - विस्तृत क्षेत्र संवेदक

Window - गवाक्ष

Zenithal - खमध्य

भूगोलशास्त्रातील सांख्यिकी पद्धती शब्दसूची

Alternative hypothesis - पर्यायी गृहीततत्त्व

Bias - पूर्वग्रह

Bimodal - द्विमध्यक

Bivariate - द्विचल

Calculated value - निष्कर्ष मूल्य

Central tendencies - केंद्रीय प्रवृत्ती

Class - वर्ग

Coefficient - सहगुणांक

Contingency table - कोष्टक सारणी

Continuous - सलग

Column - स्तंभ

Correlation - सहसंबंध

Counting - मोजदाद

Covariance - सहविचलन

Cumulative - संकलित

Critical region - क्रांती क्षेत्र

Cyclic - चक्रीय

Data - सांख्यिकी

Degrees of freedom - विमुक्त संख्यामान

Descriptive Statistics - वर्णनात्मक संख्याशास्त्र

Deviation - विचलन

Discrete - खंडित

Dispersion	अपस्करण	Parametric	परिमाणात्मक
Distribution	वितरण	Partial Correlation	अर्ध-सहसंबंध
Equation	समीकरण	Platykurtic	न्यून शिखरी
Error	त्रुटी	Point Estimation Method	बिंदू अंदाज पद्धती
Expected	अपेक्षित	Polygon	बहुभुजाकृती
Event	प्रसंग	Positive	धन
Frequency	वारंवारता	Population	समष्टी
Geometric	भौमितीय	Probability	संभाव्यता
Harmonic	अनुरूप	Quartile	चतुर्थक
Histogram	स्तंभालेख	Quantitative Methods	सांख्यिकी पद्धती
Hypothesis	स्वावलंबी चल	Random	यादृच्छिक
Inferential Statistics	निष्कर्षात्मक संख्याशास्त्र	Random number table	यादृच्छिक अंक सारणी
Interval	वर्गांतर	Range	कक्षा
Kurtosis	शिखरीवृत्ती	Rank order	क्रमसूचक श्रेणी
Least Squares	न्यूनतम वर्ग	Ratio	गुणोत्तर
Level of rejection	त्याज्यतेची पातळी	Regression	समाश्रयण
Level of Significance	अर्थपूर्णत्वाची पातळी	Representative	प्रातिनिधिक
Leptokurtic	अतिशिखरी	Residual	अवशिष्ट मूल्य
Measurement	मोजमाप	Row	ओळ
Mean	सरासरी	Sample	प्रतिदर्श / नमुना
Median	मध्यगा	Sampling	प्रतिचयन
Mesokurtic	मध्यशिखरी	Sampling frame	प्रतिचयन व्यूह
Midmark	मध्यमूल्य	Scatter diagram	विकीर्णलेख
Mode	बहुलक	Space - time	अवकाश - काल
Moment	केंद्रीय परिमाण	Spatial	अभिक्षेत्रीय
Moving average	धावती सरासरी	Skewness	कल
Multimodal	बहुमध्यक	Standard error	प्रमाणित त्रुटी
Multivariate	बहुचल	Systematic Sampling	क्रमबद्ध प्रतिचयन
Negative	ऋण	Stratified Sampling	स्तरित प्रतिचयन
Nominal	नामदर्शक	Symmetric	समात्र
Nonparametric	परिमाणविरहित	Table	सारणी
Normal	प्रसामान्य	Tabulated Value	कोष्टक मूल्य
Null hypothesis	शून्यवत गृहीततत्त्व	Tally Mark	दंड चिन्ह
Occurrence	घटना	Time Series	कालसंदर्भित श्रेणी
Ogive Curve	कमानी वक्र	Unbias	पूर्वग्रहरहित
Ordinal	क्रमदर्शक	Unimodal	एकमध्यक
		Variance	प्रचरण

संख्याशास्त्र
प्रश्नसंच

एका नदीपात्रात दोन्ही तीरांवरून अनेक ठिकाणी गाळाचे नमुने जमा केले गेले. या गाळाचे त्याच्या आकारमानानुसार पृथक्करण केल्यावर केवळ भरड गाळाचे प्रमाण विविध ठिकाणी पुढीलप्रमाणे आढळते.

गाळाचे प्रमाणे %

उजवा तीर	डावा तीर
11.1	12.3
13.8	7.2
15.1	8.3
5.2	3.4
7.8	9.2
7.8	5.4
9.4	11.6
12.3	13.9
10.4	12.3
7.8	13.5

अ) उजव्या व डाव्या तीरावरील गाळाच्या प्रमाणाची 3 व 6 गटात विभागणी करा. (ब) दंड चिन्हे वापरून वारंवारिता वितरणे मिळवा. ही वितरणे वारंवारिता स्तंभालेख. बहुभुजाकृती व वारंवारता वक्र या पद्धतीनी दाखवा (क) संकलित वारंवारता मिळवून कमानी वक्र तयार करा.

1) वरील माहितीच्या आधारे, उजव्या व डाव्या तीरावरील भरड गाळाच्या प्रमाणाती सरासरी, मध्यगा व बहुलक ठरवा.

2) विविध गटांत वर्गीकृत केलेल्या 'अ' या उपप्रश्नातील वारंवारतेच्या सहाय्याने सरासरी, मध्यगा व बहुलक ठरवा.

3) दोन्ही तीरांवरील भरड गाळाच्या प्रमाणाचे प्रचरण, प्रमाणित विचलन, व त्यांची सापेक्ष चलनशीलता ठरवा.

4) ही दोन्ही वितरणे प्रसामान्य आहेत का? नसल्यास त्यातील शिखरीवृत्ती व कल मोजण्यासाठी, वर्गीकृत न केलेली व वर्गीकृत केलेली सांख्यिकी वापरा व π^3 आणि π^4 च्या किंमती काढा.

5) एका तालुक्यात विविध खेड्यात आढळणाऱ्या मातीच्या घरांची संख्या पुढील तक्त्यात दिली आहे. (अ) या सांख्यिकीची सरासरी, मध्यगा व बहुलक काढा. त्यांचे प्रमाणित विचलन किती असेल ते सांगा.

(सांख्यिकी वर्गीकृत न करता व वर्गीकृत करून ही परिमाणे मिळवा.)

खेडेगाव	मातीच्या घरांची संख्या
1	120
2	140
3	70
4	60
5	70
6	15
7	150
8	180
9	220
10	90
11	100
12	70
13	60
14	70
15	70

या सांख्यिकीचे वितरण, बहुभुजाकृती व कमानी वक्राने दर्शवा. वितरणाची शिखरीवृत्ती व कल ठरवा.

6) स्तरित खडकाने बनलेल्या एका विस्तृत प्रदेशात विविध विदारीत ठिकाणी आढळलेली भूजलाची खोली पुढे दिलेली आहे.

विदारित खडकाची जोडी (मीटर)	भूजल खोली (मीटर)
25	6
28	8
32	10
30	9
15	3
10	4
38	7
40	7

अ) विदारित खडकाची जाडी व भूजल खोली यांतील सहसंबंध, सहसंबंध-गुणांकाच्या सहाय्याने स्पष्ट करा. त्यासाठी पिअर्सन व स्पीअरमनच्या पद्धती वापरा.

ब) हा सहसंबंध समाश्रयण रेषेने दाखवा.

क) या रेषेच्या साहाय्याने भूजल खोलीची अवशिष्ट मूल्ये ठरवा.

7) पुढे दिलेल्या सांख्यिकीची सरासरी व प्रमाणित विचलन ठरवा. व त्यावरून सरासरीची प्रमाणित त्रुटी व त्याच्या विश्वासार्हतेच्या मर्यादा नक्की करा.

3.2, 7.3, 9.1, 11.4, 2.9, 3.8, 12.6, 12.7, 14.1, 15.8

8) एका नदीखोऱ्यात विविध दिशांकडे असलेले डोंगरउतार पुढे दिले आहेत. डोंगर उतारांचे हे वितरण अपेक्षित वितरणापेक्षा फारसे भिन्न नाही.

हे गृहीततत्त्व विश्वासार्हतेच्या 0.05 व 0.01 या पातळ्यांवर ग्राह्य अथवा त्याज्य ठरवा.

उतारांची दिशा	उतारांची संख्या
पूर्व	30
आग्नेय	25
दक्षिण	18
नैऋत्य	10
पश्चिम	22
वायव्य	15

9) एका वाळवंटी प्रदेशात, मैदानी, पठारी व डोंगराळ भागात आढळणाऱ्या धुळीच्या वादळांचे त्याच्या तीव्रतेनुसार केलेले वर्गीकरण पुढील कोष्टकात दिले आहे. त्यावरून काय वर्ग चाचणीच्या साहाय्याने भूरूपाचा प्रकार व वादळाची तीव्रता यांत काहीही संबंध नाही हे गृहीततत्त्व विश्वासार्हतेच्या 0.05 व 0.01 पातळ्यावर तपासून पहा.

भूरूप / वादळाची तीव्रता	अतितीव्र वादळे	मध्यम तीव्रतेची वादळे	सौम्य वादळे
मैदाने	34	62	28
पठारे	27	28	20
डोंगराळ भाग	57	105	52

10) संक्षिप्त टिपा लिहा.

1) भूगोलातील सांख्यिकीचे स्वरूप
2) वारंवारता वितरण
3) कमानी वक्र
4) अपस्करणाची मापके
5) सहसंबंध गुणांक
6) नमुना व प्रतिचयन
7) क्रमबद्ध प्रतिचयन
8) स्तरित प्रतिचयन
9) प्रमाणित त्रुटी
10) गृहीततत्त्व
11) अर्थपूर्णत्वाची पातळी

1) (अ) सरासरी (उजवा तीर)   10.07   (डावा तीर)   9.71
   मध्यगा (उजवा तीर)   9.9   (डावा तीर)   10.4
   बहुलक (उजवा ती)   7.8   (डावा तीर)   12.3

2) सरासरी (उजवा तीर)   9.87   (डावा तीर)   9.71
   मध्यगा (उजवा तीर)   9.9   (डावा तीर)   10.4
   बहुलक (उजवा तीर)   7.8   (डावा तीर)   12.3

3) प्रचरण (उजवा तीर)   9.44   (डावा तीर)   12.87
   प्रमाणित विचलन (उजवा तीर)   3.07   (डावा तीर)   3.58
   सापेक्ष चलनशीलता (उजवा तीर)   30.48   (डावा तीर)   36.86

4) कल (π_3) (उजवा तीर)   0.193   (डावा तीर)   -0.54
   शिखरीवृत्ती (π_3) (उजवा तीर)   0.66   (डावा तीर)   0.92

5) सरासरी - 99
   मध्यगा - 70
   बहुलक - 70
   प्रमाणित विचलन - 53, 65
   कल - 0.89
   शिखरीवृत्ती - 0.54

6) सहसंबंध गुणांक - 7.71
   समीकरण $y = 2.33 + 0.16x$

7) सरासरी = 9.29, प्रमाणित विचलन = 4.76
   प्रमाणित त्रुटी = 5.017 सरासरीची प्रमाणित त्रुटी = 1.586

8) $x2$ चे निष्कर्षमूल्य 12.90 (0.5 साठी 11.07)
   गृहीततत्त्व दोन्ही पातळ्यांवर ग्राह्य (DF = 4.01) साठी - 15.08

9) $x2$ चे निष्कर्षमूल्य 4.02 (05 साठी 9.48)
   गृहीततत्त्व दोन्ही पातळ्यांवर ग्राह्य DF = 4.01 साठी - 13.27

संदर्भ ग्रंथ

डॉ. डी. वाय. आहिरराव, प्रा. इ. के. करंजखेले - प्रात्यक्षिक भूगोल - सुदर्शन पब्लिकेशन्स

डॉ. श्रीकांत कार्लेकर, सौ. कांचन शेंडे - प्रात्यक्षिक भूगोल, डायमंड पब्लिकेशन्स, पुणे - 3 री आवृत्ती

डॉ. श्रीकांत कार्लेकर - दूर संवेदन आणि भौगोलिक माहिती प्रणाली डायमंड पब्लिकेशन्स, पुणे

डॉ. श्रीकांत कार्लेकर - भूगोल शास्त्रातील सांख्यिकी पद्धती (2011) - डायमंड पब्लिकेशन्स, पुणे.

डॉ. कार्लेकर श्रीकांत (2007) : भौगोलिक माहिती प्रणाली, डायमंड पब्लिकेशन्स, पुणे (3 री आवृत्ती).

डॉ. कार्लेकर श्रीकांत (2012) : दूरसंवेदन, डायमंड पब्लिकेशन्स, पुणे (3 री आवृत्ती).

पेशवा वि. वि. (1990) : दूरसंवेदन, मराठी विज्ञान परिषद प्रकाशन, पुणे.

Allan J. W. (2001) : High-Resolution Geographic Images-its Impact on GIS, in GIS Development 10 (5), Noida, India, 21-28 pp.

Avery, T.E. and G.L.Berlin (1992) : Fundamentals of Remote Sensing and Airphoto Interpretation, : Macmillan, New York, 472 pp.

Avery, Thomas Eugene (1977) : Interpretation of Aerial Photographs, Burgess Publishing Company, Minnesota.

Barret, E.C. and L.F. Curtis (1976) : Introduction to Environmental Remote Sensing, New York : Wiley, 336pp.

Birkin M. Clarke G, Clarke M., Willson A. (1996) : Intelligent GIS Location Decisions and Strategic Planning, Geo-Information Intenational, Cambridge. UK.

Bonham Carter G.F. (1995) : Geographic Information Systems for Geoscientists, Modelling GIS, Pergamon Press, New York.

Burrough P. A. (1986) : Principles of Geographical Information Systems for Land Resources Assesment, Clarendon Press, Oxford.

Burrough P. A., McDonell R. (1998) : Principles of Geographical Information Systems. Oxford University Press, Oxford.

CDAC (2002) : Workshop Notes on 'Advanced Techniques in Remote Sensing and GIS' Publication of Centre for Development of Advanced Computing, Pune.

Chrisman N. R. (1997) : Exploring Geographic Information Systems. Wiley, New York.

Cornelius S. C. Sear D.A., Carver S. J., Heywood D. (1994) : GPS, GIS and Geomorphological Field Work. Earth Surface Processes and Iandforms 19 : 777-87.

Curran P. (1985) : Principles of Remote Sensing. Longman, New York, 282pp.

Curran P. (1989) : Principles of Remote Sensing, Longman, London.

Davis J. C. (1986) : Statisics and Data Analysis in Geology, Wiley, New York.

Davis J.C. (1973) Statistics and Data Analysis in Geology, John Wiley and sons, New york.

DeMers M. N. (1997) : Fundamentals of Georgraphic Information Systems, Wiley, New York.

Department of the Environment (1987) : Handling Geographic Information, Report of the Committee of Enquiry, Chaired by Lord Chorley. HMSO, London.

Doornkamp J.C. and King C.A.M. (1971). Numerical Analysis in Geomorphology, Arnold, London.

Eason K. D. (1988) : Information Technology and Organizational Change, Taylor and Francis Publishing, London.

Ebdon David (1989) - Statistics for Geograhers.

Fortheringam A. S., Brunsdon C., Chartion M. (2000) : Quantitative Geography, Perspectives on Spatial Data Analysis, Sage Publishing, London.

Goddchild M. F. (1995) : GIS and Georaphic Research In : Pickle J (Ed.) Ground Truth : The Social Implications of Geographic Information Systems. Guilford Press, New York, 31-50 pp.

Goodchild M. F. (1997) : What is Geopraphic Information Science? NCGIA Core Curriculum in GIS Science. October 1997.

Gopal Singh, S. Chand - Map Work and Practical Geography -

Haggett P., Chorley R. J. (1967) : Models, Paradigms and the New Geography In : Chorley R. J., Methuen Publishers, London, 19-42 pp.

Haines, Young R., Green R. D., Cousins S. H. (eds.) (1994) : Landscape, Ecology and GIS. Taylor and Francis Publishing, London.

Healey R. G. (1991) : Database Management Systems. In : Maguire D. J., Goodchid M. F., Rhind D. W. (Eds.) Geographical Information Systems : Principles and Applications Longman, London, Vol. 1, 251-67 pp.

Hearnshaw H. M., Unwin D. J. (1994) : Visualization in Geographical Information Systems, Wiley, New York.

"□:Heywood I, Cornelius S., Carver S. (2002) : An Introducation To Geographical Information Systems : Theory and Practice. Springer Verlag Journals.

Jakeman A. J., Beck M. B., Mc-Aleer M. J. (Eds.) (1995) : Modelling Change in Environmental Systems, Wiley, Chichester.

Jensen J.R. (1996) : Introductory Digital Image Processing : A Remote Sensing Perspective, Eangalwood Cliff, New Jersey.

Jensen J.R. (2003) : Remote Sensing of Environment, An Earth Resource Perspective, Pearson Education Pvt. Ltd., New Delhi.

Joseph George (2004) : Fundamentals of Remote Sensing University Press Pvt. Ltd. Hyderabad.

Karlekar S.N. (2000) : Applications of Remote Sensing Techniques, A special Issue, MAEER's MIT, Pune [Aug.1999] Jr p 113.

Karlekar S.N. (2000) : The Technique of Remote Sensing and Remote Sensing in India: in Applications of Remote Sensing Techniques, A Special Issue, MAEER'S MIT, Pune Jr pp. 1-16.

Karlekar S.N. (2001) : Assessing Change in the Coastal Configuration and the Sediment Deposition, Using Image Analysis Technique (A Case Study of Kolamb Creek, Malvan, Maharashtra) in Ind. Jr. Of Geomorphology 6 (1 and 2) Academic and Law Serials, New Delhi, pp 75-82.

Karlekar S.N. (2003) : Kharlands of Mhasala Creek, Maharashtra - A Geomorphic Assessment, in Geomorphology and Remote Sensing (Ed.) : V.C. Jha, ACB Publication, Kolkata pp. 173-183.

Karlekar Shrikant and Kale Mohan (2006) Statistical analysis of Geographical data, Diamond Publication, Pune.

Keates J. S. (1982) : Understanding Maps, Longman, London.

Kellaway G. P. (1949) : Map Projections, Methuen Publishers, London.

Kennedy M. (1996) : The Global Positioning System and GIS: An Introducation, Ann Arbor Press, An Arbor, Michigan.

Kng L.J. (1981), Statistical analysis in Geography, Englewood Clifts, prentice - Hall.

Lillesand, T.M. and R.W. Kiefer (1994) : Remote Sensing and Image Interpretation. Wiley, New York, 750pp.

M. Istiaq - Practical Geography

Maguire D. J. (1991) : An Overview and Definition of GIS In : Maguire D. J., Goodchild M. F., Rhind D. W. (Eds.) Geographical Information Systems : Principles and Applications, Longman, London, Vol. 1 (9-20) pp.

Malczawski J. (1999) : GIS and Multi-Crieria Decision Analysis, Wiley, New York.

Mather P. M. (1991) : Computer Applications in Geography, Wiley, New York.

Mather P. M. (Ed.) (1993) : Geographical Information Research and Applications, Wiley, Chichester.

Miller C.V. (1961) : Photogeology, McGraw Hill Book Co., New York.

Norcliffe G.B. (1977) inferential Statistics for Geographers, Hutchinson, London.

Openshaw S (1990) : Spatial Referencing for the User in the 1990s. Mapping Awareness 4(2):24

Parks B. O. (1993) : Need for Integration, in Environmental Modelling with GIS (Ed.) Goodchild M. F. et al Oxford University Press, London (31-34.)

Peuquet D. J., Marble D. F. (1990) : Introductory Readings In Geographical Information Systems, Taylor and Francis, London.

Pickles J. (Ed.) (1995) : Ground Truth : The Social Implications of Geographic Information Systems, Guilford Press, New York.

Rhind D. W. (1989) : Why GIS? ARC News (summer) : 28-9 pp.

Rogerson P.A. (2002) Statistical methods for Geography, SAGE Publ. London.

Sabins Floyd (1986) : Remote Sensing, Principles and Applications, Freeman and Co, New York.

Shaw G. and Wheller D. (1985) - Statistical Techniques in Geographical Analysis, John Wiley, New York.

Singh and Dutt - Students Friends - Elements of Practical Geography -

Southard, David A. (1992) : Compression of Digitized Map Images. Computers and Geosciences, Vol. 18, 1213-1253 pp.

Starn N., Starn R. (1993) : Computing in the Information Age, Wiley, New York.

Sumner G. N. (1978) Mathematics for Physical Geographers, Edward Arnold, London.

Swain, P.H. and S. M. Davis (1978) : Remote Sensing : The Quantitative Approach. : McGraw-Hill, New York, 396pp.

Taylor P.J. (1977) Quantitative Methods in Geography, Houghton Miffin, Boston.

Voogd H. (1983) : Multicriteria Evaluation for Urban and Regional Planning, Pion Ltd., London.

White, L.P. (1977) : Aerial Photography and Remote Sensing for Soil Survey, Oxford : Clarendon Press, 104pp.

Wilson J. D. (1987) : Techonology Partnerships Spark the Industry. GIS World 10 (4) : 36-42.

Wolf P.R. (1974) : Elements of Photogrammetry, McGraw Hill Book Co. New York.

Wood C. H., Keller C. P. (Eds.) (1996) : Cartographic Design. Wiley, Chichester.

Worboys M. F. (1995) : GIS : a Computing Perspective, Taylor and Francis, London.